技工院校“十四五”规划计算机动画制作专业系列教材
中等职业技术学校“十四五”规划艺术设计专业系列教材

影视后期合成

苏学涛　高翠红　廖莉雅　主编
陈思彤　周敏慧　副主编

華中科技大學出版社
http://press.hust.edu.cn
中国 · 武汉

内容提要

本书的内容主要包括影视后期合成概述、初识 Premiere、宣传片的制作、电视广告的制作、栏目片头的制作 5 个项目 15 个学习任务。本书依托影视动画行业发展的最新技术，并从中提取典型工作任务，将知识点由易到难、循序渐进地分解到各个任务中，让学生的综合职业能力得到全面提升。本书力求实操步骤清晰，便于操作训练，以求达到提高学生实践操作技能的目的。

图书在版编目（CIP）数据

影视后期合成 / 苏学涛，高翠红，廖莉雅主编 .— 武汉：华中科技大学出版社，2023.1

ISBN 978-7-5680-9077-3

Ⅰ . ①影… Ⅱ . ①苏… ②高… ③廖… Ⅲ . ①图像处理软件 Ⅳ . ① TP391.413

中国国家版本馆 CIP 数据核字 (2023) 第 019169 号

影视后期合成

Yingshi Houqi Hecheng

苏学涛 高翠红 廖莉雅 主编

策划编辑：金　紫

责任编辑：周怡露

装帧设计：金　金

责任监印：朱　玢

出版发行：华中科技大学出版社（中国 • 武汉）　　电　话：（027）81321913

武汉市东湖新技术开发区华工科技园　　邮　编：430223

录　排：天津清格印象文化传播有限公司

印　刷：湖北新华印务有限公司

开　本：889mm × 1194mm 1/16

印　张：8.5

字　数：268 千字

版　次：2023 年 1 月第 1 版第 1 次印刷

定　价：58.00 元

技工院校“十四五”规划计算机动画制作专业系列教材
中等职业技术学校“十四五”规划艺术设计专业系列教材
编写委员会名单

● 编写委员会主任委员

● 编委会委员

● 总主编

文健，教授，高级工艺美术师，国家一级建筑装饰设计师。全国优秀教师，2008 年、2009 年和 2010 年连续三年获评广东省技术能手。2015 年被广东省人力资源和社会保障厅认定为首批广东省室内设计技能大师，2019 年被广东省教育厅认定为建筑装饰设计技能大师。中山大学客座教授，华南理工大学客座教授，广州大学建筑设计研究院室内设计研究中心客座教授。出版艺术设计类专业教材 120 种，拥有具有自主知识产权的专利技术 130 项。主持省级品牌专业建设、省级实训基地建设、省级教学团队建设 3 项。主持 100 余项室内设计项目的设计、预算和施工，项目涉及高端住宅空间、办公空间、餐饮空间、酒店、娱乐会所、教育培训机构等，获得国家级和省级室内设计一等奖 5 项。

合作编写单位

（1）合作编写院校

广州市工贸技师学院
佛山市技师学院
广东省城市技师学院
广东省轻工业技师学院
广州市轻工技师学院
广州白云工商技师学院
广州市公用事业技师学院
山东技师学院
江苏省常州技师学院
广东省技师学院
台山敬修职业技术学校
广东省国防科技技师学院
广州华立学院
广东省华立技师学院
广东花城工商高级技工学校
广东岭南现代技师学院
广东省岭南工商第一技师学院
阳江市第一职业技术学校
阳江技师学院
广东省粤东技师学院
惠州市技师学院
中山市技师学院
东莞市技师学院
江门市新会技师学院
台山市技工学校
肇庆市技师学院
河源技师学院
广州市蓝天高级技工学校
茂名市交通高级技工学校
广州城建技工学校
清远市技师学院
梅州市技师学院
茂名市高级技工学校
汕头技师学院
广东省电子信息高级技工学校
东莞实验技工学校
珠海市技师学院
广东省机械技师学院
广东省工商高级技工学校
深圳市携创高级技工学校
广东江南理工高级技工学校
广东羊城技工学校
广州市从化区高级技工学校
肇庆市商业技工学校
广州造船厂技工学校
海南省技师学院
贵州省电子信息技师学院
广东省民政职业技术学校
广州市交通技师学院
广东机电职业技术学院
中山市工贸技工学校
河源职业技术学院
山东工业技师学院
深圳市龙岗第二职业技术学校

（2）合作编写组织

广州市赢彩彩印有限公司
广州市壹管念广告有限公司
广州市璐鸣展览策划有限责任公司
广州波镨展览设计有限公司
广州市风雅颂广告有限公司
广州质本建筑工程有限公司
广东艺博教育现代化研究院
广州正雅装饰设计有限公司
广州唐寅装饰设计工程有限公司
广东建安居集团有限公司
广东岸芷汀兰装饰工程有限公司
广州市金洋广告有限公司
深圳市千千广告有限公司
广东飞墨文化传播有限公司
北京迪生数字娱乐科技股份有限公司
广州易动文化传播有限公司
广州市云图动漫设计有限公司
广东原创动力文化传播有限公司
菲逊服装技术研究院
广州珈钰服装设计有限公司
佛山市印艺广告有限公司
广州道恩广告摄影有限公司
佛山市正和凯歌品牌设计有限公司
广州泽西摄影有限公司
Master 广州市熳大师艺术摄影有限公司

序言

习近平总书记在二十大报告中提出，推进文化自信自强，铸就社会主义文化新辉煌，全面建设社会主义现代化国家，必须坚持中国特色社会主义文化发展道路，增强文化自信，围绕举旗帜、聚民心、育新人、兴文化、展形象建设社会主义文化强国。

技工教育和中职中专教育是中国职业技术教育的重要组成部分，主要承担培养高技能产业工人和技术工人的任务。随着“中国制造 2025”战略的逐步实施，建设一支高素质的技能人才队伍是实现规划目标的必备条件。如今，随着国家对职业教育越来越重视，技工和中职中专院校的办学水平和办学条件已经得到改善，进一步提高技工和中职中专院校的教育、教学和实训水平，提升学生的职业技能，弘扬和培育工匠精神，已成为技工和中职中专院校的共识。而高水平专业教材建设无疑是技工和中职中专院校教育特色发展的重要抓手。

本套规划教材以国家职业标准为依据，以综合职业能力培养为目标，以典型工作任务为载体，以学生为中心，根据典型工作任务和工作过程设计教材的项目和学习任务。同时，按照工作过程和学生自主学习的要求进行教材内容的设计，实现理论教学与实践教学合一、能力培养与工作岗位对接合一、实习实训与工作岗位合一。

本套规划教材的特色在于，在编写体例上与技工院校倡导的教学设计项目化、任务化，课程设计教实一体化，工作任务典型化，知识和技能要求具体化等要求紧密结合。体现任务引领实践导向的课程设计思想，以典型工作任务和职业活动为主线设计教材结构，同时以职业能力培养为核心，理论教学与技能操作融会贯通为课程设计的抓手。在理论讲解环节做到简洁实用、深入浅出；在实践操作训练环节，体现以学生为主体，创设工作情境，强化教学互动，让实训的方式、方法和步骤清晰，可操作性强，适合学生练习，并能激发学生的学习兴趣，调动学生主动学习。

本套规划教材组织了全国 50 余所技工和中职中专院校动漫设计专业 60 余名教学一线骨干教师与 20 余家动漫设计公司一线动漫设计师联合编写出版。校企双方的编写团队紧密合作，取长补短，建言献策，让本套规划教材更加贴近专业岗位的技能需求，也让本套规划教材的质量得到了充分的保证。衷心希望本套规划教材能够为我国职业教育的改革与发展贡献力量。

技工院校“十四五”规划计算机动画制作专业系列教材
中等职业技术学校“十四五”规划艺术设计专业系列教材 总主编

教授 / 高级技师 文健

2023 年 1 月

前言

电视电影创作与编辑是一个复杂的系统工程，影视后期合成主要完成整合前期素材、建立完整节目形态的工作，这些都是围绕非线性编辑进行的，其重要性不言而喻。随着大数据时代的到来，电视节目制作的方式发生了很大的变化，新的影视后期合成理念也不断涌现。 本书组织了山东省、广东省多所技工院校有着丰富教学实践经验的骨干教师编写，编者们将这些新的方式编写入本书中，以使读者能够学习到最新的影视后期合成技术。

本书在编写体例上与技工院校倡导的教学设计项目化、任务化，课程设计教实一体化，工作任务典型化，知识和技能要求具体化等要求紧密结合，体现了项目式任务化的课程设计思想，以典型工作任务和职业活动为主线设计结构，同时以职业能力培养为核心，以理论教学与技能操作融会贯通为课程设计的抓手。本书注重训练学生的技能操作水平，并与影视动画行业设计实战案例紧密结合。在实操环节通过大量步骤截图，提升学生的基本操作技能。实操训练步骤清晰，可操作性强。

本书内容丰富、全面，符合职业院校、技工院校学情特征，易学、易教，特别适合职业院校、技工院校作为教材使用，也可作为广大影视后期合成爱好者、视频剪辑师等的参考用书，还可供各类影视动画培训机构使用。由于编者水平有限，本书在编写过程中难免有疏漏之处，恳请各位影视教育专家、同行和广大读者批评指正。

苏学涛

2022 年 12 月

课时安排（建议课时 60）

项目	课程内容	课时	
项目一 影视后期合成概述	学习任务一 影视后期合成常见术语	4	16
	学习任务二 常见的视频编码和视频格式	4	
	学习任务三 常见的图像和音频格式	4	
	学习任务四 影视后期合成的基本流程	4	
项目二 初识 Premiere	学习任务一 Premiere 软件安装方法与步骤	4	12
	学习任务二 操作界面基本布局	4	
	学习任务三 常用的视频过渡和视频特效	4	
项目三 宣传片的制作	学习任务一 网络游戏宣传片制作	4	16
	学习任务二 电视剧宣传片制作	4	
	学习任务三 电影宣传片制作	4	
	学习任务四 企业宣传片制作	4	
项目四 电视广告的制作	学习任务一 洗发水电视广告的合成制作	4	8
	学习任务二 家用电器电视广告的合成制作	4	
项目五 栏目片头的制作	学习任务一 文化类栏目的片头制作	4	8
	学习任务二 科技类栏目的片头制作	4	

目录

项目一 影视后期合成概述

项目二 初识 Premiere

项目三 宣传片的制作

项目四 电视广告的制作

项目五 栏目片头的制作

项目一

影视后期合成概述

学习任务一 影视后期合成常见术语

学校任务二 常见的视频编码和视频格式

学习任务三 常见的图像和音频格式

学习任务四 影视后期合成的基本流程

影视后期合成常见术语

教学目标

（1）专业能力：能理解视频的基本概念和视频常用术语；能理解线性编辑与非线性编辑的概念及特点；能理解蒙太奇的表现形式。

（2）社会能力：了解导演、传播、后期等相关专业的学习背景，收集各种作品资料，掌握影视视听语言和视频创意的方法，并能应用于影视后期合成的实际案例中。

（3）方法能力：提高资料收集整理和自主学习能力，以及影视后期合成案例的分析应用能力和创造性思维能力。

学习目标

（1）知识目标：了解视频、视频常用术语、线性编辑与非线性编辑、蒙太奇的基本概念。理解蒙太奇对影视的意义。

（2）技能目标：能够从常用术语中学习影视后期合成的表现方式，增强创意表现能力。

（3）素质目标：能够清晰识记各概念，增强观察力和记忆力，养成良好的团队协作能力和语言表达能力以及综合职业能力。

教学建议

1. 教师活动

（1）教师通过前期收集的各类型影视作品案例镜头的展示，提高学生对视频的直观认识。同时，运用多媒体课件、教学视频等多种教学手段，讲授视频、后期合成基础知识、线性编辑与非线性编辑、蒙太奇的学习要点，指导学生正确理解和区分不同。

（2）教师在授课中引用中外著名影视作品片段进行分析讲解，引导学生将讲授内容进行对比，更好地理解概念。

（3）教师通过对优秀影视作品片段的展示，让学生感受如何从各类型影片案例中学习蒙太奇表现技法。

2. 学生活动

（1）收集优秀学生的影视蒙太奇作业进行点评，并让学生分组进行现场展示和讲解，训练学生的语言表达能力和沟通协调能力。

（2）学生在教师的组织和引导下完成影视后期合成常见术语的学习任务，进行自评、互评、教师点评等。

一、学习问题导入

各位同学，大家好！今天我们一起来学习影视后期合成的相关知识。在视频发展演变过程中，视频后期制作经历了物理剪辑、电子编辑、数码编辑等发展阶段。随着非线性编辑系统的出现和普及，视频制作向数字化方向迈进了一大步。看图 1-1 这几张影视作品视频截图出自哪部作品？它们的后期制作给你留下了怎样的印象？

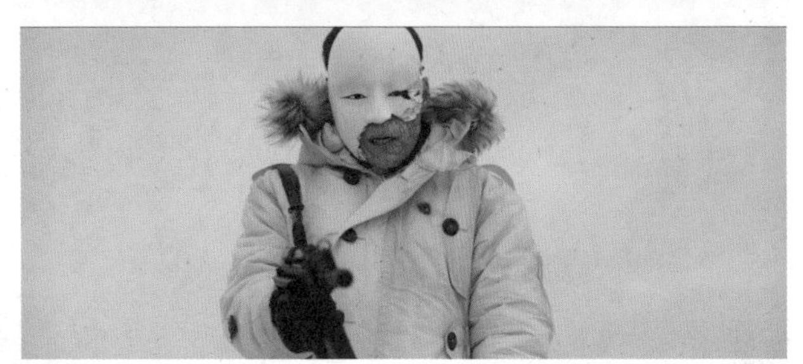

图 1-1 影视作品视频截图

二、学习任务讲解

1. 认识视频

视频泛指将一系列静态影像以电信号的方式加以捕捉、记录、处理、储存、传送与重现的各种技术。连续的图像变化每秒超过 24 帧画面时，根据视觉残留原理，人眼无法辨别单幅的静态画面，图片看上去是平滑连续的视觉效果，这样的连续画面称为视频，其单位用帧表示，如图 1-2 所示。

视频一般都是以 25 帧 / 秒或 30 帧 / 秒的速率播放的，这是因为播放速率低于 15 帧 / 秒的时候，画面在人们眼中就会产生停顿，从而难以形成流畅的活动影像。而 25 帧 / 秒或 30 帧 / 秒的播放速率，则是不同国家根据自己国内行业的实际情况规定的一个视频播放行业标准。

（1）视频分类。

视频分为模拟、数字两类。模拟视频是指由连续的模拟信号组成的视频图像，它的存储介质是磁带或录像带，在编辑或转录过程中画面质量会降低，如图 1-3 所示。而数字视频是把模拟信号变为数字信号，它描绘的是图像中的单个像素，可以直接存储在计算机磁盘中，因为保存的是数字的像素信息而非模拟的视频信号，因此，在编辑过程中可以最大限度地保证画面质量，几乎没有损失。

（2）视频常用术语。

• 视频图像：记录的电视信号或录像带上的连续图像。

• DV 视频：它主要是一种数码视频压缩格式，如 DV 摄像机就是以这种格式记录视频数据的。其优势是记录的图像质量高，并可以在个人计算机上进行处理。

• 伴音：和视频图像同步的声音信号。

图 1-2《黄河湿地保护区》1 秒的帧

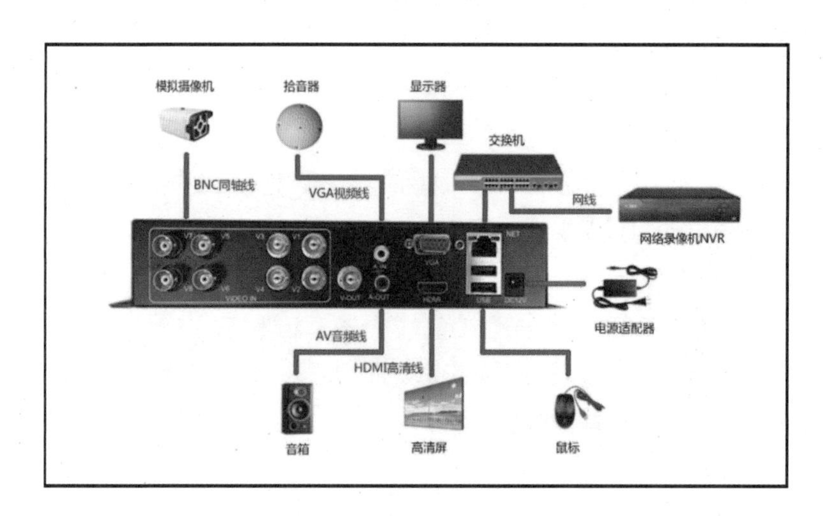

图 1-3 模拟视频信号类型

• 数字视频：由视频图像和伴音组成的统一体。

• 模拟信号：由摄像机设备直接获取的视、音频信号。这种信号会随着时间发生连续的变化。

• 数字信号：模拟信号经过采样和量化后获得的信号。其信号波形是沿时间轴方向离散的，在信号幅度方向也是离散的。计算机中的数字信号就是连续信号经过采样和量化后得到的离散信号。

• 帧：一帧是扫描获得的一幅完整图像的模拟信号。它是视频图像的最小单位。“帧”在动画创作中又称为“格”。

• 帧速率：指每秒钟扫描多少帧。对于 PAL 制式电视系统，帧率为每秒 25 帧 / 秒 ；而对于 NTSC 制式电视系统，帧率为 30 帧 / 秒。

• 场：视频的一个扫描过程，有逐行扫描和隔行扫描两种类型。对于逐行扫描，一帧即一个垂直扫描场；对于隔行扫描，一帧由两场构成，用两个隔行扫描场表示一帧。

• 逐行扫描：一帧即一个垂直扫描场。电子束在屏幕上一行接一行地扫描，就得到一幅完整的图像。

• 隔行扫描：这是目前很多电视系统电子束采用的一种技术，即先扫描视频图像的偶数行，再扫描奇数行，从而完成一帧的扫描，因此被称为隔行扫描。对于摄像机和显示器屏幕，获得或显示一幅图像都要扫描两遍。隔行扫描对于分辨率要求不高的系统比较适合。

• 像素：像素是组成图像的基本元素，每个像素只能显示一种颜色，共同组成了整幅图像。

• 分辨率：指一幅图像中像素的数量，通常用“水平方向像素数量 × 垂直方向像素数量”的方式来表示，例如 1920×1080、1920×1440 等。

• 帧宽高比：是视频画面的宽高比，常见的视频规格为标准的 4:3 和宽屏的 16:9。

• 像素宽高比：指视频画面内每个像素的长宽比，具体比例由视频所采用的视频标准决定。计算机显示器一般使用正方形像素显示画面，其像素宽高比为 1.0；电视机一般使用矩形像素，如标准 PAL 电视制式的像素宽高比为 1.07，宽屏 PAL 制式的像素宽高比为 1.42。

（3）电视的制式。

电视的制式就是电视信号的标准，其区分主要在帧频、分辨率、信号带宽以及载频、色彩空间的转换关系上。不同制式的电视机只能接收和处理相应制式的电视信号，但现在也出现了多制式或全制式的电视机，为处理不同制式的电视信号提供了极大的方便。

目前，各个国家的电视制式并不统一，全世界普遍使用的有三种彩色电视制式 :NTSC 制式、PAL 制式和 SECAM 制式。

① NTSC 制式（简称 N 制）。

NTSC 制式是由美国国家电视标准委员会 1952 年制定的彩色广播标准。它采用正交平衡调幅技术（正交平衡调幅制）。这种制式有色彩失真的缺陷。美国、加拿大等大多数西半球国家，以及日本、韩国等均采用这种制式。

② PAL 制式。

PAL 制式即逐行倒相正交平衡调幅制，是德国在 1962 年制定的彩色电视机广播标准。它克服了 NTSC 制式色彩失真的缺点。中国、新加坡、澳大利亚、新西兰、德国、英国等国家使用 PAL 制式。根据不同的参数细节，PAL 制式又可以分为 G、I、D 等制式，其中 PAL-D 是我国采用的统一制式。

③ SECAM 制式。

SECAM 是法文缩写，意思为“顺序传送彩色信号与存储恢复彩色信号制”，是由法国在 1956 年提出、1966 年制定的一种新的彩色电视制式。它克服了 NTSC 制式相位失真的缺点。目前，法国、东欧和中东部分国家使用 SECAM 制式。

三种制式的参数比较见表 1-1 所示。

2. 后期合成基础知识

（1）视频编辑方式。

不同节目的制作在声音和图像的处理上要用到不同的编辑方式。

表 1-1 电视三种制式的参数比较表

制式	垂直分辨率	帧频	彩色幅载波	声音载波
NTSC 制式	625 线	25Hz	4.43MHz	6.5MHz
PAL 制式	525 线	30Hz	3.58MHz	4.5MHz
SECAM 制式	625 线	25Hz	4.25MHz	4.25MHz

①联机方式。

该方式以直接制作播放用的节目磁带为目的。联机方式是指在同一台计算机上，进行从素材的粗糙编辑到生成最后影片所需要的所有工作。这样的编辑方式不仅需要大量的磁盘空间，而且对 CPU 的处理速度和内存要求也很高。

②脱机方式。

在脱机方式编辑中所使用的都是原始影片的副本，并使用高级的终端设备软件制成节目。脱机方式主要是使用低价格的设备制作影片，是目前常用的方式，因为脱机编辑强调的只是编辑速度而不是影片的画面质量。影片的画面质量不仅与原始的素材质量有关，还与最后的高级终端编辑器有关。

③替代编辑和联合编辑。

替代编辑是在原有胶片节目的基础上改变其中的内容，即用新编好的内容替换原来的内容。联合编辑是将视频的画面和音频的声音对应进行组接，即合成音频视频，是常用的编辑方式。

（2）转场。

电视片在内容上的结构层次是通过段落表现出来的，而段落与段落、场景与场景之间的过渡或转换，就称为转场。不同的场景转换可以产生不同的艺术效果，如图 1-4 所示。

图 1-4 转场效果

几种常用的影视转场效果如下。

①淡入淡出。

淡入淡出是 Premiere 常用的转场效果。淡入，也称显现，是指影片从全黑的背景中渐渐地显现出画面的下一个镜头，如图 1-5 所示。

图 1-5 淡入效果

②划。

划又称为“划变”，即前一个镜头渐渐划去的同时，空着的位置上出现下一个镜头，这也是前后两个镜头交替的过程，但它是以“划”的状态来实现的，如图 1-6 所示。

图 1-6 划效果

③叠化。

叠化是两个镜头的重叠效果，即影片的画面和帧画面重叠在一起，如图 1-7 所示。在 Premiere 中进行叠化转场，必须对附加轨道上的素材进行透明度的设置，并设置合适的颜色通道。

图 1-7 叠化效果

3. 线性编辑与非线性编辑

早期广播电视节目的编辑方式是复制编排和物理剪辑。在编辑节目时需要用刀片或剪刀在特定的位置裁剪磁带，这一操作的结果对磁带是不可逆的，所以需要编辑人员凭着经验和刻度工具来确定剪辑内容和大致长度。

为了改善编辑精度和提高编辑效率，20 世纪 80 年代，纯数字的非线性编辑系统开始投入商业广告的制作。这些系统主要用在数字视频编辑方面，采用磁盘和光盘作为视频信号的记录媒体。

（1）线性编辑。

线性编辑指的是一种需要按时间顺序从头至尾进行编辑的节目制作方式，它所依托的是以一维时间轴为基础的线性记录载体，如磁带编辑系统，素材在磁带上按时间顺序排列。这种编辑方式要求编辑人员首先编辑素材的第一个镜头，最后编辑结尾的镜头。它意味着编辑人员必须对一系列镜头的组接做出准确的判断，事先做好构思，因为一旦编辑完成，就不能轻易改变这些镜头的组接顺序。因为对编辑带的任何改动，都会直接影响到记录在磁带上的信号的真实地址的重新安排，从改动点以后直至结尾的所有部分都将受到影响，需要重新编一次或者进行复制。线性编辑系统流程图如图 1-8 所示。

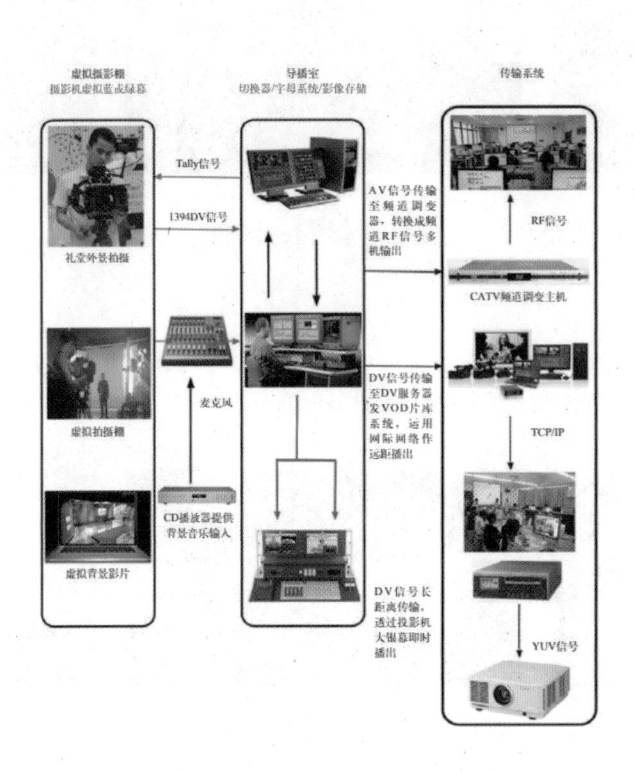

图 1-8 线性编辑系统流程图

线性编辑的缺点如下。

①素材不可能做到随机存取。线性编辑系统以磁带为记录载体，节目信号按时间线性排列，在寻找素材时录像机需要进行卷带搜索，只能在一维的时间轴上按照镜头的顺序一段一段地搜索，不能跳跃进行，因此素材的选择很费时间，影响了编辑效率。

②线性编辑难以对半成品完成随意的插入或删除等操作。线性编辑方式是以磁带的线性记录为基础的，一般只能按编辑顺序记录。虽然插入编辑方式允许替换已录磁带上的声音或图像，但是这种替换实际上只能替换旧的，它要求要替换的片段和磁带上被替换的片段时间一致，而不能进行增删，不能改变节目的长度，这样对节目的修改就非常不方便。

③所需设备较多，安装调试较为复杂。线性编辑系统连线复杂，有视频线、音频线、控制线、同步机，构成复杂，可靠性相对降低，经常出现不匹配的现象。另外，设备种类繁多，录像机（被用作录像机 / 放像机）、编辑控制器、特技发生器、时基校正器、字幕机和其他设备一起工作，由于这些设备各自起着特定的作用，各种设备性能参差不齐，指标各异，当它们连接在一起时，会使视频信号产生较大的衰减。另外，大量的设备同时使用，使得操作人员众多，操作过程复杂。

（2）非线性编辑。

非线性编辑是针对线性编辑而言的。非线性编辑是借助计算机来进行数字化制作，几乎所有的工作都在计算机里完成，不再需要过多的外部设备，对素材的调用也是瞬间实现，突破单一的时间顺序编辑限制，可以按各种顺序排列，具有快捷简便、随机的特性。

从非线性编辑系统的作用来看，它能集录像机、切换台、数字特技机、编辑机、多轨录音机、调音台、MIDI 创作、时基等设备于一身，几乎包括了所有的传统后期制作设备。这种高度的集成性，使得非线性编辑系统的优势更为明显，因此它能在广播电视界占据越来越重要的地位。

概括地说，非线性编辑系统具有信号质量高、制作水平高、设备寿命长、便于升级、网络化等优越性。

非线性编辑的特点如下。

①信号质量高。使用传统的录像带编辑节目，素材磁带要磨损多次，机械磨损是不可弥补的。为了制作特技效果，还必须“翻版”，每“翻版”一次，就会造成一次信号损失。而在非线性编辑系统中，无论如何处理或者编辑，信号质量损失都较小。由于系统只需要一次采集和一次输出，非线性编辑系统能保证得到相当于模拟视频第二版质量的节目带，而使用模拟编辑系统，不可能有这么高的信号质量。

②制作水平高。使用传统的编辑方法，制作一个十分钟的节目，往往要面对长达四五十分钟的素材带，反复进行审阅比较，将所选择的镜头编辑组接，并进行必要的转场、特技处理。这其中包含大量的机械重复劳动。而在非线性编辑系统中，大量的素材都存储在硬盘上，可以随时调用，不必费时费力地逐帧寻找。素材的搜索极其容易，不用像传统的编辑机那样来回倒带。用鼠标拖动滑块，能在瞬间找到需要的那一帧画面。整个编辑过程既灵活又方便。

③设备寿命长。非线性编辑系统是对传统设备的高度集成，使后期制作所需的设备降至最少，有效地节约了资金。由于是非线性编辑，只需要一台录像机，在整个编辑过程中，录像机只需要启动两次，一次输入素材，一次录制节目带。这样就避免了磁鼓的大量磨损，使得录像机的寿命大大延长。

④便于升级。随着影视制作水平的提高，总是对设备不断地提出新的要求，这一矛盾在传统编辑系统中很难解决，这需要不断投资。而使用非线性编辑系统，则能较好地解决这一矛盾。非线性编辑系统所采用的，是易于升级的开放式结构，支持许多第三方的硬件、软件。通常，功能的增加只需要通过软件的升级就能实现。

⑤网络化。网络化是计算机的一大发展趋势，非线性编辑系统可充分利用网络方便地传输数码视频，实现资源共享，还可利用网络上的计算机协同创作，对于数码视频资源的管理、查询更是易如反掌。在一些电视台中，非线性编辑系统都在利用网络发挥更大的作用。

4. 蒙太奇

蒙太奇（montage）原是法语建筑学中的一个名词，指装配、组合、构成，后被借用到电影中，指按照生活的逻辑和美学原则，把一个个镜头组接起来。随着电影、电视艺术的发展，蒙太奇的含义也得到发展与丰富。今天，蒙太奇已成为影视艺术特有的思维方式，如图 1-9 所示。

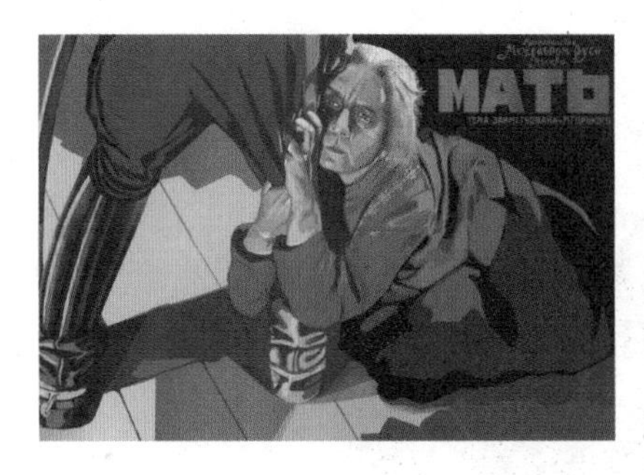

图 1-9 蒙太奇的表现方式

（1）蒙太奇的诞生。

卢米埃尔兄弟在 19 世纪末拍出历史上最早的影片时，他们不需要考虑蒙太奇问题。他们总是把摄影机摆在一个固定的位置上，即全景的距离（或者说是剧场中中排观众与舞台的距离），把人的动作从头到尾一口气拍完。后来，人们发现胶片可以剪开、再用药剂黏合，于是有人尝试把摄影机放在不同位置，从不同距离、角度拍摄。他们发现各种镜头用不同的连接方法能产生惊人的不同效果。这就是蒙太奇技巧的开始，也是电影摆脱舞台剧的叙述与表现手段的束缚，有了自己独立的表现手法的开始。

一般电影史上都把分镜头拍摄归功于美国的埃德温·鲍特，认为他在 1903 年放映的《火车大劫案》是现代意义上“电影”的开端。他把不同背景，包括站台、司机室、电报室、火车厢、山谷等内景、外景里发生的事连接起来叙述一个故事，这个故事包括了几条动作线，如图 1-10 所示。人们公认格里菲斯熟练地掌握了不同镜头组接的技巧，使电影终于从戏剧的表现方法中解脱出来。

图 1-10《火车大劫案》截图

（2）蒙太奇的构成。

蒙太奇一般包括画面剪辑和画面合成两方面。画面合成是由许多画面或图样并列或叠化而成的一个统一图画作品。画面剪辑是制作这种艺术组合的方式或过程，是将在不同地点，从不同距离和角度，以不同方法拍摄的一系列电影镜头排列组合起来，叙述情节，刻画人物。

（3）蒙太奇的意义。

当不同的镜头组接在一起时，往往会产生各个镜头单独存在时所不具有的含义。例如卓别林把工人群众赶进厂门的镜头，与被驱赶的羊群的镜头衔接在一起 ，如图 1-11 所示。普多夫金把春天冰河融化的镜头，与工人示威游行的镜头衔接在一起，就使原来的镜头表现出新的含义。爱森斯坦认为，将对列镜头衔接在一起时，其效果“不是两数之和，而是两数之积”。凭借蒙太奇的作用，电影享有时空的极大自由，甚至可以构成与实际生活中的时间空间并不一致的电影时间和电影空间。蒙太奇可以产生演员动作和摄影机动作之外的第三种动作，从而影响影片的节奏。早在电影问世不久，美国导演，特别是格里菲斯，就注意到了电影蒙太奇的作用。后来的苏联导演库里肖夫、爱森斯坦和普多夫金等相继探讨并总结了蒙太奇的规律与理论，形成了蒙太奇学派，他们的有关著作对电影创作产生了深远的影响。

图 1-11《摩登时代》截图

（4）蒙太奇的功能。

蒙太奇的功能主要是通过镜头、场面、段落的分切与组接，对素材进行选择和取舍，使表现内容主次分明，达到高度的概括和集中。

①表达寓意，创造意境。

镜头的分割与组合，声画的有机组合、相互作用，可以使观众产生新的理解。单个镜头、单独的画面或者声音只能表达其本身的具体含义，而如果使用蒙太奇技巧和表现手法，就可以使一系列没有任何关联的镜头或者画面产生特殊的含义，表达出创作者的寓意，甚至还可以产生特定的效果。

②引导观众注意力，激发联想。

每一个单独的镜头都只能表现一定的具体内容，但组接后就有了一定的顺序，并严格地规范和引导、影响观众的情绪和心理，从而启迪观众进行思考。

③创造独特的影视时间和空间。

每个镜头都是对现实时空的记录，经过剪辑，实现对时空的再造，形成独特的影视时空。一个化出化入的技巧（或者直接跳入）就可以在空间上从巴黎跳到纽约，或者在时间上跨过几十年。而且，通过两个不同空间的运动的并列与交叉，可以造成紧张的悬念，或者表现分处两地的人物之间的关系。

④使影片画面形成不同的节奏。

蒙太奇可以把客观因素（信息量、人物和镜头的运动速度、色彩声音效果、音频效果以及特技处理等）和主观因素（观众的心理感受）综合研究，通过镜头之间的剪辑，将内部节奏和外部节奏、视觉节奏和听觉节奏有机地结合在一起，使影片的节奏丰富多彩、生动自然而又和谐统一，从而产生强烈的艺术感染力。

（5）蒙太奇的种类。

蒙太奇具有叙事和表意两大功能。蒙太奇可以划分为三种基本的类型，即叙事蒙太奇、表现蒙太奇和理性蒙太奇。第一种是叙事手段，后两种主要用以表意。在此基础上还可以继续划分：叙事蒙太奇分为平行蒙太奇、交叉蒙太奇、颠倒蒙太奇和连续蒙太奇；表现蒙太奇分为抒情蒙太奇、心理蒙太奇、隐喻蒙太奇和对比蒙太奇；理性蒙太奇分为杂耍蒙太奇、反射蒙太奇和思想蒙太奇。

①叙事蒙太奇。

叙事蒙太奇由美国电影大师格里菲斯等人首创，是影视片中常用的一种叙事方法。它的特征是以交代情节、展示事件为主旨，按照情节发展的时间流程、因果关系来分切组合镜头、场面和段落，从而引导观众理解剧情。这种蒙太奇组接脉络清楚，逻辑连贯，明白易懂。叙事蒙太奇又包含下述几种具体技巧。

a. 平行蒙太奇

平行蒙太奇常以不同时空（或同时异地）发生的两条或两条以上的情节线并列表现、分头叙述而统一在一个完整的结构之中。格里菲斯、希区柯克都是极善于运用这种蒙太奇的大师。平行蒙太奇应用广泛。首先，因为用平行蒙太奇处理剧情，可以删减过程以利于概括集中，节省篇幅，扩大影片的信息量，并加强影片的节奏；其次，由于这种手法是几条线索平列表现，相互烘托，形成对比，易于产生强烈的艺术感染效果。如影片《南征北战》中，导演用平行蒙太奇表现敌我双方抢占摩天岭的场面，造成了紧张的节奏，扣人心弦。

b. 交叉蒙太奇。

交叉蒙太奇又称交替蒙太奇，它将同一时间不同地域发生的两条或数条情节线迅速而频繁地交替剪接在一起，其中一条线索的发展往往影响其他线索，各条线索相互依存，最后汇合在一起。这种剪辑技巧极易引起悬念，造成紧张激烈的气氛，加强矛盾冲突的尖锐性，是掌握观众情绪的有力手法，惊险片、恐怖片和战争片常用此法造成追逐和惊险的场面。如《南征北战》中抢渡大沙河一段，将我军和敌军急行军奔赴大沙河以及游击队炸水坝三条线索交替剪接在一起，表现了惊心动魄的战斗场面。

c. 颠倒蒙太奇。

这是一种打乱结构的蒙太奇方式，先展现故事或事件的当前状态，再介绍故事的始末，表现为事件概念上“过去”与“现在”的重新组合。它常借助叠印、划变（划）、画外音、旁白等转入倒叙。运用颠倒蒙太奇打乱的是事件顺序，但时空关系仍需交代清楚，叙事仍应符合逻辑关系，事件的回顾和推理都采用这种方式结构。

d. 连续蒙太奇。

这种蒙太奇不像平行蒙太奇或交叉蒙太奇那样多线索地发展，而是沿着一条单一的情节线索，按照事件的逻辑顺序，有节奏地连续叙事。这种叙事自然流畅，朴实平顺，但由于缺乏时空与场面的变换，无法直接展示同时发生的情节，难于突出各条情节线之间的对列关系，不利于概括，易有拖沓冗长、平铺直叙之感，因此，在一部影片中极少单独使用，多与平行、交叉蒙太奇混合使用，相辅相成。

② 表现蒙太奇。

表现蒙太奇以镜头对列为基础，通过相连镜头在形式或内容上相互对照、冲击，从而产生单个镜头本身所不能产生的含义，以表达某种情绪或思想。其目的在于激发观众的联想，启迪观众的思考。

a. 抒情蒙太奇。

抒情蒙太奇是一种在保证叙事和描写的连贯性的同时，表现超越剧情之上的思想和情感的方法。让 · 米特里指出：它的本意既是叙述故事，也是绘声绘色的渲染，并且更偏重于后者。意义重大的事件被分解成一系列近景或特写，从不同的侧面和角度捕捉事物的本质含义，渲染事物的特征。常见的、易被观众感受到的抒情蒙太奇，往往在一段叙事场面之后，恰当地切入象征情绪情感的空镜头。如苏联影片《乡村女教师》，瓦尔瓦拉和马尔蒂诺夫相爱了，马尔蒂诺夫试探地问她是否永远等待他。她一往情深地答道：“永远！”紧接着画面中切入两个盛开的花枝的镜头。它与剧情并无直接关系，但却恰当地抒发了人物的情感。

b. 心理蒙太奇。

心理蒙太奇是人物心理描写的重要手段，它通过画面镜头组接或声画有机结合，形象生动地展示出人物的内心世界，常用于表现人物的梦境、回忆、闪念、幻觉、遐想、思索等精神活动。

这种蒙太奇在剪接技巧上多用交叉穿插等手法，其特点是画面和声音形象的片段性、叙述的不连贯性和节奏的跳跃性，声画形象带有剧中人强烈的主观性。

c. 隐喻蒙太奇。

隐喻蒙太奇通过镜头或场面的对列进行类比，含蓄而形象地表达创作者的某种寓意。这种手法往往将不同事物之间某种相似的特征突现出来，以引起观众的联想，领会导演的寓意和领略事件的情绪色彩。如普多夫金在《母亲》中将工人示威游行的镜头与春天冰河水解冻的镜头组接在一起，用以比喻革命运动势不可挡。隐喻蒙太奇将巨大的概括力和极度简洁的表现手法相结合，往往具有强烈的情绪感染力。不过，运用这种手法应当谨慎，隐喻与叙述应有机结合，避免生硬牵强。

d. 对比蒙太奇。

对比蒙太奇类似文学中的对比描写，即通过镜头或场面之间在内容（如贫与富、苦与乐、生与死、高尚与卑下、胜利与失败等）或形式（如景别大小、色彩冷暖、声音强弱、动静等）上的强烈对比，产生冲突，以表达创作者的某种寓意或强化所表现的内容和思想。

③理性蒙太奇。

理性蒙太奇是通过画面之间的关系，而不是通过单纯的一环接一环的连贯性叙事表情达意的。理性蒙太奇与连贯性叙事的区别在于，即使它的画面属于实际经历过的事实，按这种蒙太奇组合在一起的事实总是主观视像。这种蒙太奇是苏联学派主要代表人物爱森斯坦创立，主要包含杂耍蒙太奇、反射蒙太奇、思想蒙太奇。

a. 杂耍蒙太奇。

爱森斯坦给杂耍蒙太奇的定义：杂耍是一个特殊的时刻，其间一切元素都是为了促使把导演打算传达给观众的思想灌输到他们的意识中，使观众进入引起这一思想的精神状况或心理状态中，以造成情感的冲击。这种手法在内容上可以随意选择，不受原剧情约束，达到最终能说明主题的效果。与表现蒙太奇相比，这是一种更注重理性、更抽象的蒙太奇形式。为了表达某种抽象的理性观念，往往硬摇进某些与剧情完全不相干的镜头，譬如，影片《十月》中表现孟什维克代表居心叵测的发言时，插入了弹竖琴的手的镜头，以说明其"老调重弹，迷惑听众"。对于爱森斯坦来说，蒙太奇的重要性不限于达到艺术效果的特殊方式，而是表达意图的风格，传输思想的方式：通过两个镜头的撞击确立一个思想、一系列思想造成一种情感状态，尔后，借助这种被激发起来的情感，使观众对导演打算传输给他们的思想产生共鸣。这样，观众不由自主地卷入这个过程中，心甘情愿地去附和这一过程总的倾向、总的含义。这就是这位伟大导演的原则。

1928 年以后，爱森斯坦进一步把杂耍蒙太奇推进为"电影辩证形式"，以视觉形象的象征性和内在含义的逻辑性为根本，而忽略了被表现的内容，以致陷入纯理论的误区，同时也带来创作的失误。后人吸取了他的教训，现代电影中杂耍蒙太奇使用较为慎重。

b. 反射蒙太奇。

反射蒙太奇不像杂耍蒙太奇那样为表达抽象概念随意生硬地插入与剧情内容毫无相关的象征画面，而是使所描述的事物和用来比喻的事物同处一个空间，它们互为依存：或是为了与该事件形成对照，或是为了确定组接在一起的事物之间的反应，或是为了通过反射联想揭示剧情中包含的类似事件，以此作用于观众的感官和意识。譬如《十月》中，克伦斯基在部长们的簇拥下来到冬宫，一个仰拍镜头表现他头顶上方的一根画柱，柱头上有一个雕饰，它仿佛是罩在克伦斯基头上的光环，使独裁者显得无上尊荣。这个镜头之所以不显生硬，是因为爱森斯坦利用的是实实在在的布景中的一个雕饰，存在于真实的戏剧空间中的一件实物，他进行了加工处理，但没有用与剧情不相干的物像吸引人。

c. 思想蒙太奇。

思想蒙太奇是维尔托夫创造的，方法是利用新闻影片中的文献资料重加编排表达一个思想。这种蒙太奇形式是一种抽象的形式，因为它只表现一系列思想和被理智激发的情感。观众冷眼旁观，在银幕和他们之间形成一定的"间离效果"，其参与完全是理性的，罗姆所导演的《普通法西斯》是典型之作。

（6）蒙太奇的句型。

蒙太奇的句型是指在电影、电视镜头组接中，由一系列镜头经有机组合而成的逻辑连贯、富于节奏、含义，相对完整的影视片段。

蒙太奇句型主要有前进式、后退式、环形、穿插式和等同式句型。

前进式句型：按全景—中景—近景—特写的顺序组接镜头。

后退式句型：按特写—近景—中景—全景的顺序组接镜头。

环形句型：将前进式和后退式两种句型结合起来。

穿插式句型：句型的景别变化不是循序渐进的，而是远近交替的（或是前进式和后退式蒙太奇穿插使用）。

等同式句型：在一个句子当中景别不发生变化。

三、学习任务小结

通过本次课的学习，同学们已经初步了解了视频、后期合成的基本概念。通过对线性编辑与非线性编辑的学习，了解了非线性编辑是针对线性编辑而言的，非线性编辑是借助计算机来进行数字化制作的，这种高度的集成性，使得非线性编辑系统的优势更为明显，因此，非线性编辑在广播电视界占据越来越重要的地位。蒙太奇已成为影视艺术特有的思维方式，通过它的诞生、构成、意义、功能、种类、句型各方面的学习，同学们对蒙太奇有了充分的了解。同学们在今后的学习中还要多加训练，活学活用。

四、课后作业

（1）每位同学对不同蒙太奇表现风格进行资料收集，种类不限。

（2）对收集的蒙太奇画面进行讲解。

常见的视频编码和视频格式

教学目标

（1）专业能力：能认识视频编码、视频格式、常见商用播放标准的基本概念；能理解常见的商用播放标准；能掌握各视频编码、视频格式的具体应用范围。

（2）社会能力：了解电视节目、广告制作、电影剪辑等相关专业的学习内容，收集相关资料，掌握视频创意能力，为影视后期合成做准备。

（3）方法能力：提高知识归纳整理和自主学习能力，以及各种视频编码、视频格式、商用播放标准的分析应用能力。

学习目标

（1）知识目标：了解视频编码、视频格式、常见商用播放标准的基本概念，理解常见的商用播放标准。

（2）技能目标：能够掌握各视频编码、视频格式的具体应用范围，增强影视后期合成驾驭能力。

（3）素质目标：能够清晰识记各概念，增强观察力和记忆力，养成良好的语言表达能力和综合职业能力。

教学建议

1. 教师活动

（1）教师运用多媒体课件、教学视频等多种教学手段，通过对常见视频编码、视频格式、常见商用播放标准知识点的讲解，提高学生对内容的直观认识，指导学生正确理解和区分不同。

（2）教师在授课中对各种视频编码、视频格式、商用播放标准进行分析讲解，引导学生将讲授内容进行对比，更好地理解各类概念。

（3）教师通过对相同视频内容选择不同视频编码、视频格式输出，让学生更直观感受他们的不同，加深理解。

2. 学生活动

（1）收集各种常用视频编码、视频格式、商用播放标准，让学生分组进行现场展示和讲解，训练学生的语言表达能力和沟通协调能力。

（2）学生在教师的组织和引导下完成常见的视频编码和视频格式的学习任务工作实践，进行自评、互评、教师点评等。

一、学习问题导入

在制作影视作品的过程中，经常会发现有些视频文件无法导入软件中进行编辑，或导入后出现播放不正常的问题。一般情况下，这些问题都由视频素材的编码引起。那么什么是视频编码呢？

二、学习任务讲解

1. 视频编码

视频编码是指使用特定技术对视频进行压缩，以在尽量不损害其播放效果的情况下减少其体积的一种方式。

（1）常用的视频编解码标准。

常用的视频编解码标准由国际电联制定的 H.261、H.263、H.264，运动静止图像专家组制定的 M-JPEG 和国际标准化组织制定的 MPEG 系列标准。此外，在互联网上广泛应用的还有 Real-Networks 公司的 Real Video，微软公司的 WMV、VC-1，苹果公司的 QuickTime 等。

要在电脑中播放和处理视频，需要安装相应的编码器。大多数视频播放器都包含各种视频编码器，播放视频的过程其实就是使用相应的编码器对视频进行解码的过程。如果电脑中没有某类视频编码器，将无法播放使用该编码的视频。例如，没由 RealVideo 编码器，将无法播放 RM 或 RMVB 格式的视频。

（2）常用的高清视频编码。

不同视频编码标准对视频的压缩方式不同，视频大小和清晰度也不同。目前常用的高清视频编码标准有 H.264、MPEG-2 和 VC-1 等。

① MPEG-2 是 DVD 视频使用的编码标准，属于编码标准中的老一辈成员。

② H.264 是目前最流行的视频编码标准，它最大的特点是具有极高的压缩比，在同等的视频质量下，H.264 的数据压缩率比 MPEG-2 高 2 ~ 3 倍。缺点是计算复杂，对计算机的配置要求较高。

③ VC-1 编码的数据压缩率介于 H.264 和 MPEG-2 之间，画质表现方面与 H.264 接近，但其对硬件的要求较低。

2. 视频格式

我们常说的 AVI、MP4 等视频格式与视频编码不是一个概念，但二者有一定的联系。视频格式指的是对编码后的视频流进行封装的方式，采用相同编码的视频流可以使用不同的格式进行封装。总体而言，视频格式一般分为影像格式和流格式两大类。学习数字视频处理技术，首先要了解一些常见的视频格式。

（1）AVI 格式。

AVI 视频格式是微软公司于 1992 年推出的，其优点是兼容性好、调用方便、图像质量好，不足之处是文件尺寸极大，可以用来封装多种编码的视频流，如 DivX、XviD(这两种编码都属于 MPEG 系列编码)、RealVideo、H.264、MPEG-2、VC-1 等。

（2）MOV 格式。

MOV 格式是苹果公司创立的一种视频格式，其优点首先在于可以跨平台使用，存储空间要求也小；其次，MOV 文件格式支持 25 位彩色，以及领先的集成压缩技术，常用来封装 QuickTime 编码的视频流。

（3）DAT 格式。

DAT 格式是 VCD 数据文件的扩展名，也是基于 MPEG 压缩方法的文件格式。

（4）ASF 格式。

ASF 是高级流格式，使用 MPEG-4 的压缩方法。主要优点包括可以本地或网络回放、可扩充的媒体类型、部件下载及扩展性等。

（5）RM 格式。

RM 是一种流媒体格式，RM 文件可以根据网络数据传输速率的不同制定不同的压缩比率，在低速率的广域网上进行影像数据的实时传输和实时播放，用来封装采用 RealVideo 编码的音视频流。

（6）RMVB 格式。

RMVB 格式是一种由 RM 视频格式升级延伸出的新视频格式，它的先进之处在于 RMVB 视频格式打破了 RM 格式平均压缩采样的方式，在保证平均压缩比的基础上合理利用比特率资源，用来封装采用 RealVideo 编码的音视频流。

（7）WMV 格式。

WMV 格式也是微软推出的一种采用独立编码方式并且可以直接在网上实时观看视频节目的流媒体格式，常用来封装采用 WMV、VC-1 编码的视频流，具有很高的压缩比。

（8）FLV 格式。

FLV 流媒体格式是一种新的视频格式，全称为 FlashVideo。由于它形成的文件极小，加载速度极快，所以使网络观看视频文件成为可能。它的出现有效地解决了视频文件导入 Flash 后使导出的 SWF 文件体积庞大，不能在网络上很好地使用等缺点。目前在线视频网站均采用此视频格式。FLV 已经成为当前视频文件的主流格式。

（9）MPEG-4 格式。

MPEG-4 是一套用于音频、视频信息的压缩编码标准。MPEG-4 格式的主要用途在于光盘、语音发送，以及电视广播等，目前广泛应用于封装 H.264 视频和 ACC 音频。

（10）3GP 格式。

3GP 格式相当于 MP4 格式的简化版本，但文件体积更小，是手机上经常使用的视频格式。3GP 格式支持多种视频编码，如 H.263、H.264、MPEG-4 等。

(11)TS 格式。

TS 格式是高清视频专用的封装容器，多见于原版的蓝光、HD DVD 转换的视频影片，这些影片一般采用 H.264、VC-1DENG SHIPIN BIANMA。

3. 常见的商用播放标准

（1）IMAX 胶片（6K)。IMAX 使用 70mm 胶片，理论像素数可以达到每帧 18000 × 13433, 但在后期制作和翻录成播放用的胶片时，由于技术的限制，最终母带的分辨率大约能达到 8000 像素，而母带翻制出的播放用胶片，可以达到 6000 像素（宽度），也就是 6K 级别，这已经是现在商业播放的极限分辨率了。IMAX 胶片电影通常都是一些 40min 以内的科教片和纪录片，目前商业电影只有《变形金刚》和《蝙蝠侠——黑暗骑士》的部分场景采用了 IMAX 拍摄。

（2）IMAX DMR(4K ~ 6K) 采用 DMR 技术，将 35 mm 胶片的母带用最佳品质扫描，进行数字增强后，重新冲印到 70mm 胶片上。35mm 胶片最佳质量在 4K 左右，通过增强后，冲印到 70mm 胶片上，达不到 6K 效果，但比 4K 强一些。

（3）4K 数码播放 35 mm 胶片，通常可以达到 4K（分辨率为 4096 × 3112) 的图像标准，索尼公司推出了目前世界上唯一商业化的 4K 放映设备，从而占据了少数高端市场，并发行了如《蜘蛛侠 3》等影片的数字 4K 版本。

（4）2K 数码播放。大部分较好的数码电影播放厅内，采用的都是 2K 的数码播放设备，分辨率为 2048×1556。许多用数码摄像机拍摄的电影如《星战前传》《阿凡达》等，其实图像分辨率仅仅是 1920×1080。

（5）普通胶片播放胶片母带质量优良，能够达到 4K, 而人们在影院观看的影片所播放的胶片都是经过多次翻录的胶片，并且胶片在播放过程中会受到污损和划伤，所以，胶片播放的实际分辨率大概会降到接近 2K 的标准，甚至还不如 2K 数码播放的效果。

三、学习任务小结

通过本次课的学习，同学们已经初步了解了视频编码的基本概念。通过对常见视频编码、视频格式、商用播放标准的学习，了解了视频格式与视频编码的区别与联系。视频编码是利用特定技术对视频进行压缩，减少体积，视频格式是对编码后的视频流进行封装的方式。同学们明白了各种视频编码、视频格式的区别，对商用播放标准有了充分的了解，在今后的学习中还应多加训练，活学活用。

四、课后作业

（1）每位同学对相同素材运用不同视频编码、视频格式进行输出，观察输出画质和视频体积区别。

（2）对常用的视频编码进行讲解。

常见的图像和音频格式

教学目标

（1）专业能力：能正确认识每种图像格式、音频格式；能理解每种图像格式、音频格式的区别；能掌握常用图像格式、音频格式的特点。

（2）社会能力：了解电视节目、广告制作、电影剪辑等相关专业的学习内容，收集相关资料，掌握视频创意能力，为影视后期合成做准备。

（3）方法能力：提高知识归纳整理和自主学习能力，以及各种图像格式、音频格式的分析应用能力。

学习目标

（1）知识目标：了解常用图像格式、音频格式的基本概念。

（2）技能目标：理解常用图像格式、音频格式的特点；掌握 MP3、WAV 和 WMA 三种格式的区别。

（3）素质目标：能够清晰识记各概念，增强观察力和记忆力，养成良好的团队协作能力和语言表达能力以及综合职业能力。

教学建议

1. 教师活动

（1）教师运用多媒体课件、教学视频等多种教学手段，通过对常见图像格式、音频格式知识点的讲解，提高学生对内容的直观认识，指导学生正确理解和区分不同。

（2）教师在授课中对各种图像格式、音频格式进行分析讲解，引导学生将讲授内容进行对比，更好理解各类概念。

（3）教师通过对相同图像、音频内容选择不同图像格式、音频格式输出，让学生更直观感受它们的不同，加深理解。

2. 学生活动

（1）收集各种常用图像格式、音频格式，让学生分组进行现场展示和讲解，训练学生的语言表达能力和沟通协调能力。

（2）学生在教师的组织和引导下完成常见的图像和音频格式学习任务，进行自评、互评、教师点评等。

一、学习问题导入

使用 Premiere 制作影视作品时除了使用视频素材，还经常需要使用图像和音频素材，每种图像和音频格式有什么特点？选择哪一种更合适？接下来，就让我们一起来学习吧。

二、学习任务讲解

1. 图像格式

（1）BMP 格式。

BMP 格式是微软推出的图像格式，采用无损压缩，图像质量高，文件稍大。

（2）JPG 格式。

JPG 格式是一种压缩率很高的图像文件格式。该格式采用的是具有破坏性的压缩算法，因此会降低图像的质量。

（3）GIF 格式。

GIF 格式是网络上经常使用的图像文件格式，支持透明背景和动画，但该格式最多只包含 256 种颜色，因此很少在视频软件中使用。

（4）PNG 格式。

PNG 格式支持 24 位图像，具有很高的压缩比，支持透明。

（5）TIFF 格式。

TIFF 格式采用无损压缩方式来存储图像信息，图像质量高。

（6）PSD 格式。

PSD 格式是 Photoshop 的专用文件格式，可保存图层和透明信息，可以很好地与 Premiere 软件进行无缝结合。

（7）AI 格式。

AI 格式是 Illustrator 的标准文件格式，用来保存矢量图形，同样可以很好地与 Premiere 软件进行无缝结合。

（8）TGA 格式。

TGA 格式是计算机上应用广泛的一种图像格式，具有体积小和图像质量高的优点，并且支持透明。TGA 格式常作为影视动画的图像序列输出格式。

2. 音频格式

音频格式是指一个用来表示声音强弱的数据序列，由模拟声音经抽样、量化和编码后得到。简单来说，数字音频的编码方式就是数字音频格式。音频格式最大带宽是 20000 Hz, 速率介于 40 ~ 50 kHz。人耳所能听到的声音频率范围是 20 ~ 20000 Hz,20000 Hz 以上人耳是听不到的，因此音频文件格式的最大带宽是 20 kHz, 故采速率需要介于 40 ~ 50 kHZ。

3. 常见数字音频格式

（1）CD 格式。

标准 CD 格式是 44.1kHz 的采样频率，16 位量化位数，因为 CD 音轨是近似无损的，所以它的声音基本上忠于原声。CD 光盘可以在 CD 唱机中播放，也能用计算机里的各种播放软件来播放。

（2）WAV 格式。

WAV 格式支持多种压缩算法，支持多种音频位数、采样频率和声道。标准格式的 WAV 文件和 CD 格式一样，也是 44.1 kHz 的采样频率，16 位量化位数。可以说，WAV 格式的声音文件质量和 CD 相差无几，也是目前计算机上广为流行的声音文件格式，几乎所有的视频、音频编辑软件都支持 WAV 格式。

（3）MP3 格式。

MP3 全称是动态影像专家压缩标准音频层面 3(moving picture experts group audio layer Ⅲ)。它是当今较流行的一种数字音频编码和有损压缩格式，用来大幅度地降低音频数据量，是一种有损压缩。

（4）WMA 格式。

WMA(windows media audio) 格式是来自微软的“重量级选手”，后台强硬，音质要强于 MP3 格式，更远胜于 RA 格式，它和日本 YAMAHA 公司开发的 VQF 格式一样，是以减少数据流量但保持音质的方法来达到比 MP3 压缩率更高的目的。

（5）Real 格式。

Real 的文件格式主要有 RA(Real Audio)、RM（Real Media,Real Audio G2)、RMX(Real Audio Secured) 等。RealAudio 主要适用于在线音乐欣赏，有的下载网站会提示根据 Modem 速率选择最佳的 Real 文件。Real 格式的特点是可以随网络带宽的不同而改变声音的质量，在保证大多数人听到流畅声音的前提下，令带宽较富裕的听众获得更好的音质。

4.MP3、WAV 和 WMA 比较

一般来讲，WAV 音质是最好的，因为它是无损的音频，但是占用空间很大。同样音质的常用音频文件由大到小的顺序是 WAV、MP3、WMA。同样大小的音频文件，音质由好到差是 WAV、MP3、WMA 。MP3 和 WMA 都是有损压缩，声音都会有损失。对于普通收听来说，WMA 的确优于 MP3, 音质好，体积小，几乎接近 50 kbps 的 WMA 完全可以达到 128 kbps 的 MP3 的效果，体积却小了一半甚至更多；但是当采样率比较低时，WMA 的表现就不如 MP3。

三、学习任务小结

通过本次课的学习，同学们已经初步了解了音频格式的基本概念。通过对常见图像格式的学习，同学们了解了各种图像格式的特性，明确了各个图像格式之间的区别，对常用的音频格式有了清醒的认识，对 MP3、WAV 和 WMA 格式有了充分的理解。同学们要在今后的学习中多加训练，活学活用。

四、课后作业

（1）每位同学对相同素材运用不同图像格式进行输出，总结输出画质和文件大小的区别。

（2）对收集的音频格式进行讲解。

影视后期合成的基本流程

教学目标

（1）专业能力：能认识影视后期合成的基本流程；能理解流程中各环节的工作内容；能掌握各环节所做工作要达到的技能水平。

（2）社会能力：了解影视后期等相关专业的学习背景，掌握全流程协作和创作能力，并能应用于影视后期合成的实际案例中。

（3）方法能力：提高自主学习能力，以及影视后期合成案例的分析应用能力和创造性思维能力。

学习目标

（1）知识目标：了解影视后期合成的基本流程，理解流程中各环节的工作内容，掌握各环节所做工作要达到的技能水平。

（2）技能目标：能够从制作流程中学习影视后期合成的制作方式，增强创意表现能力。

（3）素质目标：能够清晰识记各流程工作，增强观察力和记忆力，养成良好的团队协作能力和语言表达能力以及综合职业能力。

教学建议

1. 教师活动

（1）教师运用多媒体课件、教学视频等多种教学手段，通过对视频编辑流程的讲解，提高学生对内容的直观认识，指导学生正确理解每个流程的工作内容。

（2）教师在授课中对各环节进行分析讲解，引导学生将讲授内容进行对比，更好地理解各项工作的要求。

2. 学生活动

（1）收集影视后期合成制作流程材料，让学生分组进行现场展示和讲解，训练学生的语言表达能力和沟通协调能力。

（2）学生在教师的组织和引导下完成影视后期合成的基本流程学习任务，进行自评、互评、教师点评等。

一、学习问题导入

影视节目制作到底先做什么，后做什么，很多同学都很迷茫。随着影视产业的不断发展，影视节目的制作已经形成了一个完整的体系，并有了一套规范的流程。本次课我们就来学习其常见的制作流程。

二、学习任务讲解

视频编辑流程主要通过计算机进行的后期制作，包括把原始素材镜头编辑成影视节目所必需的全工作过程，具体包括以下几个步骤。

（1）采集视频和音频。

收集整理素材，通过各种手段获得未经过编辑（剪辑）的视频和音频文件。其中视频素材是指从摄像机、录像机、数码相机、扫描仪等设备中捕获的各种视频文件，如图 1-12 所示。音频素材指的是各种数字音频、各种数字化的声音、电子合成音乐等音乐文件。当然，编辑者也可以利用互联网，寻找合适的素材。

图 1-12 多机位素材采集

（2）确定编辑点和镜头切换的方式。

在进行影视编辑时，选择自己所要编辑的视频和音频文件，对它设置合适的编辑点，就可达到改变素材的时间长度和删除不必要素材的目的。镜头的切换是指把两个镜头衔接在一起，使一个镜头突然结束，下一个镜头立即开始。Premiere 提供多种镜头切换方式，如图 1-13 所示。

（3）设计编辑计划。

图 1-13 镜头切换

传统的影片编辑工作离不开对磁带或胶片上的镜头进行搜索和筛选。编辑计划就是对采集的素材进行加工的计划，Premiere 中有的工作是不可逆的，所以事先必须做好详细的编辑计划。

（4）把素材综合编辑成节目。

剪辑师将实拍到的分镜头按照导演和影片的剧情需要组接剪辑，这时需要选准编辑点，才能使影片在播放时不出现闪烁。在 Premiere Pro 的时间线视窗中，用户可按照指定的播放顺序将不同的素材组接成整个片段。素材精准地衔接，可以通过在 Premiere Pro 中精确到帧的操作来实现。

（5）在节目中叠加标题字幕和图形。

Premiere 的标题视窗工具为用户提供了展示自己艺术创作力与想象力的空间。使用这些工具，用户可以为自己的影片创建和增加各种有特色的文字标题或几何图形，并让它们实现如滚动、阴影和渐变等各种效果，如图 1-14 所示。

图 1-14 标题字幕

（6）添加音频。

为影片添加音频可以说是编辑素材的后续工作。在编辑素材工作中，不仅要进行视频的编辑，也要进行音频的编辑。一般来说，先把视频剪辑好，才能进行音频的剪辑，这样可以节省很多不必要的重复工作。添加声音效果是影视制作中不可缺少的工作，使用 Premiere Pro 可以为影片增加更多的音乐效果，而且能同时编辑视频和音频，可以很直观地预览合成之后的效果。

（7）整合输出。

影视后期合成的最后一道工序就是将制作的视频和音频元素精确地合成，并通过电视播出或存储到其他媒体介质。

三、学习任务小结

通过本次课的学习，同学们已经初步了解了影视后期合成的基本流程。通过对影视后期合成基本流程的学习，同学们了解了音视频素材的采集是影视作品制作的基础，音视频素材的编辑是遵循导演意图和分镜头脚本展开的，是为了更好地展示剧情，诠释中心思想，编辑计划的制订是为了更好地进行后期合成，有章可循，有的放矢，最后添加标题、对白、图形、音频，让整个作品完整呈现，从视听觉全面展示作品的艺术创作力。同学们在今后的学习中应多加训练，活学活用，以加深对影视后期合成基本流程的了解。

四、课后作业

（1）每位同学搜集 2 部影视后期合成作品。

（2）对搜集的影视后期合成作品制作流程进行讲解。

项目二
初识 Premiere

学习任务一　Premiere 软件安装方法与步骤
学校任务二　操作界面基本布局
学习任务三　常用的视频过渡和视频特效

Premiere 软件安装方法与步骤

教学目标

（1）专业能力：能认识 Adobe Premiere Pro 2020（简称 Premiere）软件的基本功能；了解软件安装对硬件系统的要求；能理解软件安装的基本流程；能掌握软件优化设置方法。

（2）社会能力：了解影视后期合成软件的应用领域，收集各种资料，掌握软件安装技巧，提高软件安装的实际操作能力，并能应用于影视后期合成的实际工作中。

（3）方法能力：提高资料收集整理和自主学习能力，以及软件安装的应用能力和创造性思维能力。

学习目标

（1）知识目标：认识 Premiere 软件的新增功能，了解软件安装对硬件系统的要求，理解软件安装的基本流程。

（2）技能目标：能够熟练安装 Premiere 软件，掌握软件优化设置方法。

（3）素质目标：能够清晰识记各概念，增强观察力和记忆力，养成良好的团队协作能力和语言表达能力以及综合职业能力。

教学建议

1. 教师活动

（1）教师通过前期收集的 Premiere 的新增功能的视频展示，提高学生对 Premiere 的直观认识。同时，运用多媒体课件、教学视频等多种教学手段，讲授新增功能、软件对硬件系统的要求、软件安装流程、优化设置的学习要点，指导学生正确理解。

（2）教师在授课中引用两个系统的安装方式进行分析讲解，引导学生将讲授内容进行对比，更好地理解各概念。

（3）教师通过对 Windows 系统下软件安装、优化设置的展示，让学生感受软件安装、优化设置的方法和步骤。

2. 学生活动

（1）收集 Premiere 软件新增功能进行点评，并让学生分组进行现场展示和讲解，训练学生的语言表达能力和沟通协调能力。

（2）学生在教师的组织和引导下完成 Premiere 软件安装、优化设置的学习任务，进行自评、互评、教师点评等。

一、学习问题导入

人们都想要很好地利用 Premiere 进行影视后期合成，完成各种素材剪辑、视频转场设置、视频特效调制、字幕添加等，可是软件怎样才能正确安装？安装时需要注意什么问题？安装完成后需要进行哪些设置才能让软件更好地运行？带着这些疑问，我们开始今天的学习，从中寻找答案。

二、学习任务讲解

Premiere 是 Adobe 官方推出的一款专业的视频编辑软件，简称 Pr。Premiere 是专业视频编辑工具，提供了采集、剪辑、调色、美化音频、字幕添加、输出、DVD 刻录的一整套流程，可以提升创作能力和创作自由度，它是易学、高效、精确的视频剪辑软件。该版本通常安装在 Windows 10 64 位操作系统上。

Premiere 版本更新了很多性能，例如编辑速度更快、稳定性更高、提供更快的蒙版跟踪、更好的硬件界面、自动重构、自由变换视图、标题和图形、Essential Sound 工具、Lumetri Color 等。

1. 硬件配置要求

Premiere 对于 Windows、macOS 操作系统电脑硬件配置要求如图 2-1 和图 2-2 所示。

（1）Windows 操作系统。

硬件	最低配置	推荐配置
处理器	Intel® 第 6 代或更新版本的 CPU，或 AMD Ryzen™ 1000 系列或更新版本的 CPU	Intel® 第 7 代或更新版本的 CPU，或 AMD Ryzen™ 3000 系列或更新版本的 CPU
操作系统	Microsoft Windows 10（64 位）版本 2004 或更高版本	Microsoft Windows 10（64 位）版本 2004 或更高版本
RAM	8 GB RAM	16 GB RAM，用于 HD 媒体 32 GB，用于 4K 媒体或更高分辨率
GPU	2 GB GPU VRAM	4 GB GPU VRAM
硬盘空间	8 GB 可用硬盘空间用于安装；用于媒体的额外高速驱动器	16 G用于应用程序安装和缓存的快速内部 SSD 用于媒体的额外高速驱动器
显示器分辨率	1280 x 800	1920 x 1080 或2K、4K等更高分辨率
声卡	与 ASIO 兼容或 Microsoft Windows Driver Model	与 ASIO 兼容或 Microsoft Windows Driver Model

图 2-1 Windows 操作系统电脑配置要求

硬件	最低配置	推荐配置
处理器	Intel® 第 6 代或更新版本的 CPU	Intel® 第 6 代或更新版本的 CPU
操作系统	macOS v10.15 (Catalina) 或更高版本	macOS v10.15 (Catalina) 或更高版本
内存	8 GB RAM	16 GB RAM，用于 HD 媒体 32 GB，用于 4K 媒体或更高分辨率
GPU	2 GB GPU VRAM	4 GB GPU 显存
硬盘空间	8 GB 可用硬盘空间用于安装；用于媒体的额外高速驱动器	16G用于应用程序安装和缓存的快速内部 SSD 用于媒体的额外高速驱动器
显示器分辨率	1280x800	1920x1080 或2K、4K更高分辨率

图 2-2 macOS 操作系统电脑配置要求

2. 软件安装

步骤一：选中下载好的“Adobe Premiere Pro 2020”压缩包，鼠标单击右键选择“解压到 Adobe Premiere Pro 2020”，等待解压完成，大约需要 1 分钟，解压完成之后，会解压出一个文件夹，文件夹内是所有的安装程序，如图 2-3 所示。

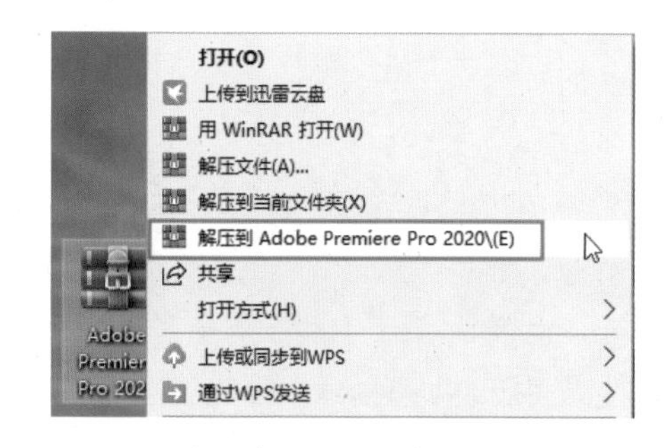

图 2-3 解压缩安装包

步骤二：双击进入新解压出来的“Adobe Premiere Pro 2020”文件夹 。如图 2-4 所示。

步骤三：选中“Set-up”安装文件，并鼠标单击右键选择“以管理员身份运行”。如图 2-5 所示。

图 2-4 打开文件夹

图 2-5 运行安装文件

步骤四：选择安装语言和位置；语言默认简体中文即可，无须更改；手动点击文件夹，根据自己的使用习惯选择安装位置，建议安装在 C 盘以外的盘，然后点击“继续”，开始安装。如图 2-6 所示。

步骤五：软件安装中，耐心等待几分钟，等待 Adobe Premiere Pro 2020 所有程序安装完成。如图 2-7 所示。

步骤六：Premiere Pro 2020 已成功安装，然后点击“关闭”。如图 2-8 所示。

图 2-6 更改安装位置

图 2-7 安装程序

图 2-8 关闭安装程序

步骤七：点击电脑右下角“开始”菜单，找到“Adobe Premiere Pro 2020”程序，右键安装程序图标不松手，往桌面拖动即可创建桌面快捷方式。如图 2-9 所示。

3. 提高视频渲染速度的设置

视频渲染速度过慢会给我们的工作效率带来一定的影响。在 Premiere 软件中视频的渲染速度跟 CPU 和内存有很大的关系，我们可以根据自己的实际情况进行选择，来提高渲染速度。

步骤一：在电脑中打开 Premiere 软件，进入主界面，关掉快速开始菜单。如图 2-10 所示。

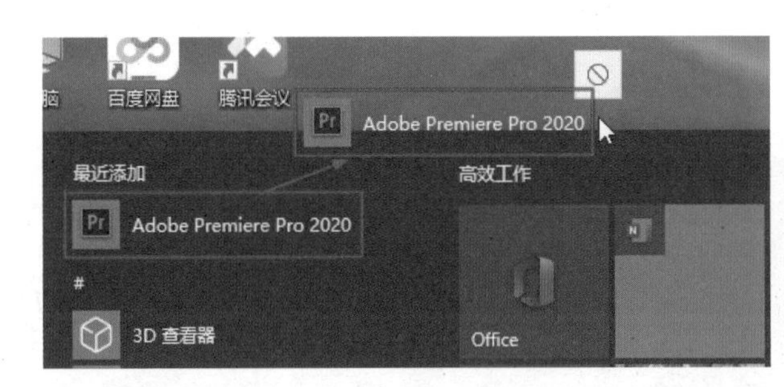

图 2-9 创建桌面快捷方式

图 2-10 打开 Premiere 软件

步骤二：点击顶部菜单栏中的“编辑”菜单—“首选项”命令，如图 2-11 所示。

步骤三：在弹出的窗口中点击“内存”命令，进入内存管理页面，如图 2-12 所示。

步骤四：在“首选项”中的“内存”管理窗口中可以看到，默认的“优化渲染”为“性能”，主要是依托 CPU 的性能来进行渲染的，如图 2-13 所示。

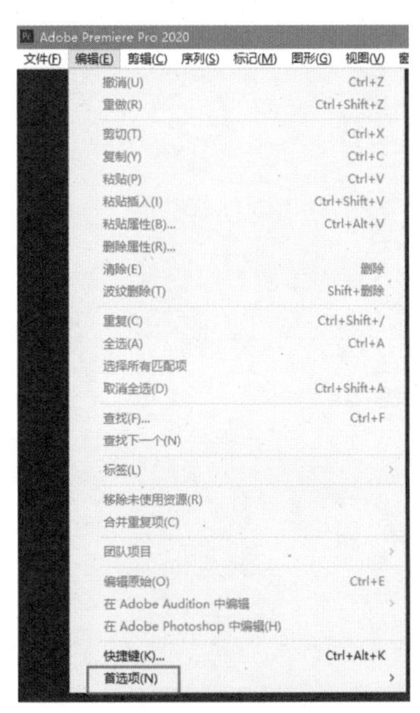

图 2-11 “首选项”命令

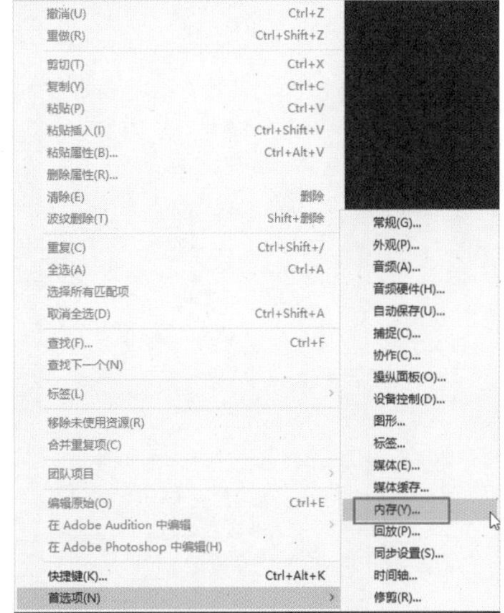

图 2-12 “内存”命令

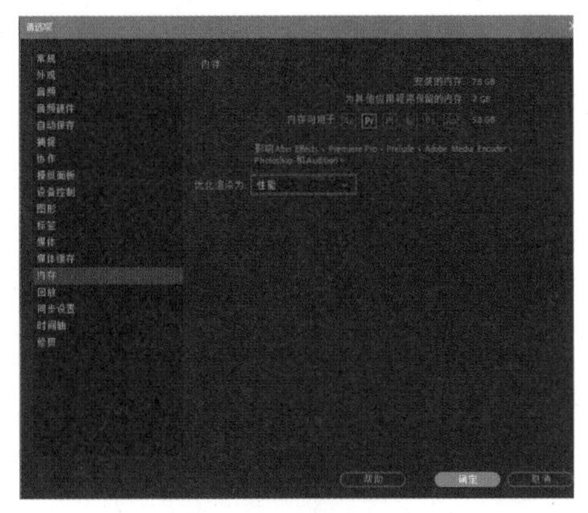

图 2-13 内存管理窗口

步骤五：如果我们的电脑内存比较大，可以在下拉框中将“优化渲染”改为“内存”，然后点击“确定”。如图 2-14 所示。

步骤六：设置完成后，重新启动 Premiere 软件，然后点击“新建项目”进行剪辑，即可发现渲染速度提高。如图 2-15 所示。

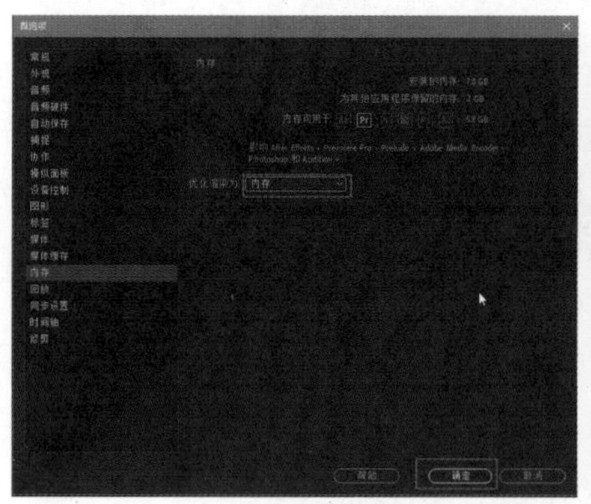

图 2-14 修改优化渲染方式

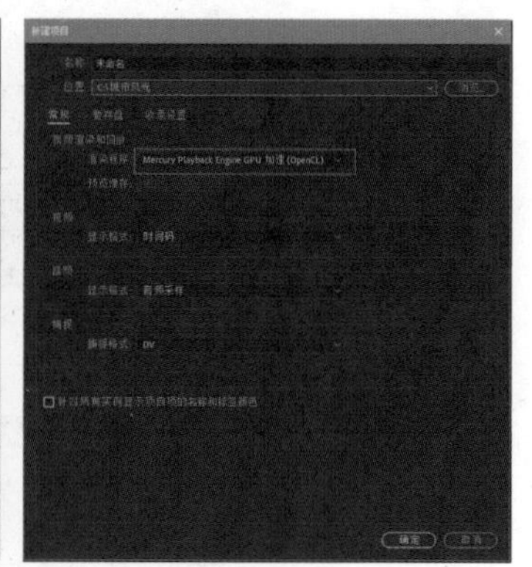

图 2-15 修改后的渲染方式

三、学习任务小结

通过本次课的学习，同学们已经初步了解了 Premiere 的新增功能：通过对硬件配置要求的学习，了解软件运行需要的基本硬件配置；通过对软件安装流程的学习，理解了软件安装的基本流程；通过对提高视频渲染速度的设置学习，同学们能够掌握软件优化设置的方法。掌握本节课的知识点是同学们能够顺利使用软件的前提，同学们在今后的学习中要多加训练，活学活用。

四、课后作业

（1）每位同学对 Premiere 新增功能进行资料收集，种类不限。

（2）对收集的新增功能进行讲解。

操作界面基本布局

教学目标

（1）专业能力：能认识 Premiere 操作界面的基本布局；能掌握各工具的具体使用方法和技巧。

（2）社会能力：了解颜色、效果、音频等相关后期领域的学习要求，掌握视频创意制作技巧，能够将所学应用于影视后期合成的实际案例中。

（3）方法能力：提高学生的自主学习能力，培养学生的分析应用能力和创造性思维能力。

学习目标

（1）知识目标：认识 Premiere 操作界面的基本布局，理解各工作区界面的区别。

（2）技能目标：能够识记操作界面各布局名称，掌握各布局面板中常用工具的使用技巧。

（3）素质目标：能够清晰识记各概念，增强观察力和记忆力，养成良好的团队协作能力和语言表达能力以及综合职业能力。

教学建议

1. 教师活动

（1）教师通过前期录制的讲解视频对操作界面进行基本展示，提高学生对操作界面基本布局的直观认识。同时，运用多媒体课件、教学视频等多种教学手段，讲授本节课基础知识，指导学生正确理解和区分不同。

（2）教师在授课中引用中对各知识点进行分析讲解，引导学生将讲授内容进行对比，更好地识记、理解。

（3）教师通过对知识点的讲解展示，让学生感受各工具的使用技巧。

2. 学生活动

（1）看教师示范 Premiere 操作界面各工具的使用方法，并进行课堂练习。

（2）学生在教师的组织和引导下完成 Premiere 操作界面基本布局的学习任务，进行自评、互评、教师点评等。

一、学习问题导入

今天我们一起来学习 Premiere 操作界面的相关知识。同学们要想学好一个软件，首先要全面认识操作界面的基本布局，厘清各菜单包含的常用工具、各功能区位置和工具栏各工具的使用技巧。

二、学习任务讲解

1. 认识界面

单击“开始”—Adobe Premiere Pro CC 2020 命令，或双击桌面上的快捷方式图标，便可启动软件。

中文版 Premiere 的工作界面划分为如图 2-16 所示的几大版块。

Premiere 的工作界面可以根据屏幕分辨率的不同而现实不同的状态。在 1920×1080 的分辨率下，通过单击“窗口”—“工作区”命令或者点击界面上方的“预定义工作区”，可进入不同的操作界面，进而满足不同用户的工作需求。

当用户单击“窗口”—“工作区”—“编辑”命令时，其工作界面如图 2-16 所示。

当用户单击“窗口”—“工作区”—“学习”命令时，其工作界面如图 2-17 所示。

当用户单击“窗口”—“工作区”—“效果”命令时，其工作界面如图 2-18 所示。

当用户单击“窗口”—“工作区”—“音频”命令时，其工作界面如图 2-19 所示。

当用户单击“窗口”—“工作区”—“颜色”命令时，其工作界面如图 2-20 所示。

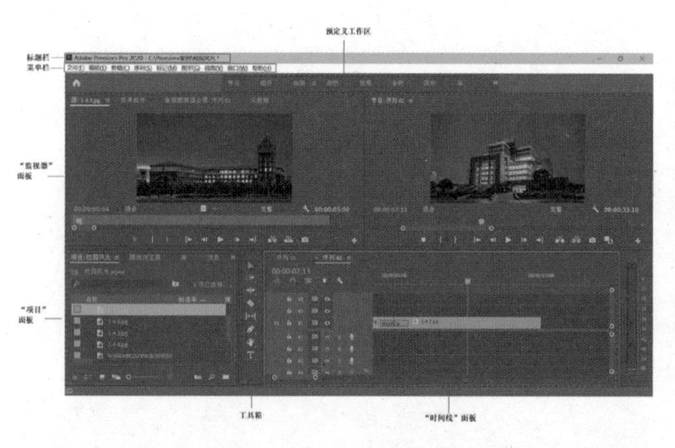

图 2-16 “编辑”工作界面

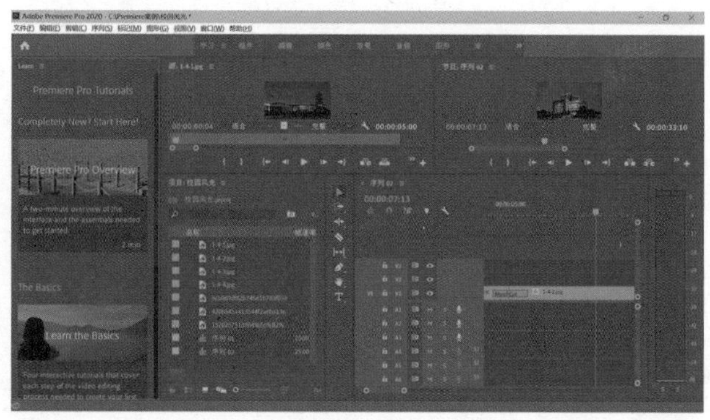

图 2-17 “学习”工作界面

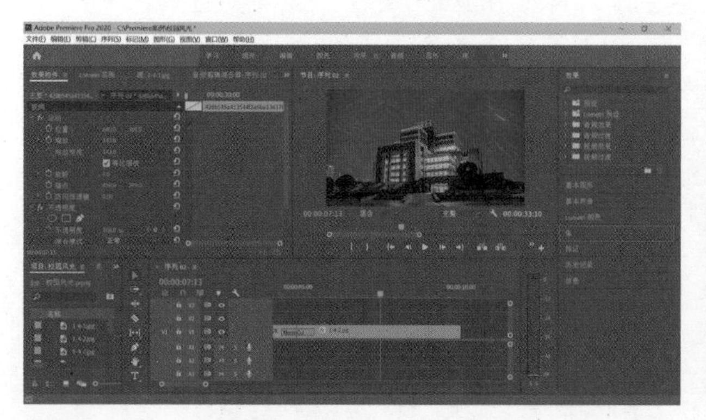

图 2-18 “效果”工作界面

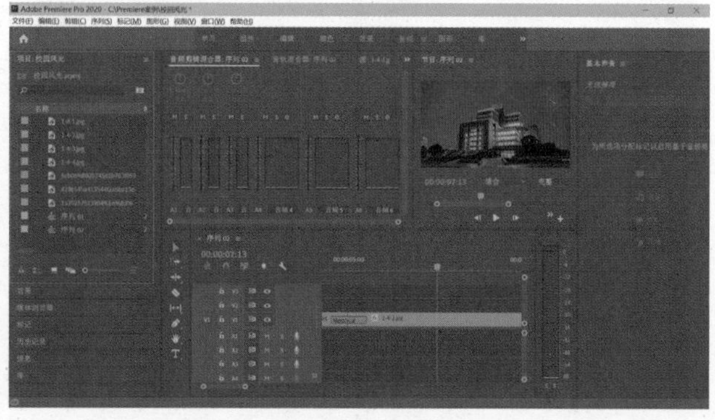

图 2-19 “音频”工作界面

图 2-20 “颜色”工作界面

（1）菜单栏。

在 Premiere 中，菜单栏为编辑工作提供了常用的操作和属性设置命令，它由文件、编辑、剪辑、序列、标记、图形、视图、窗口、帮助共 9 个菜单组成，如图 2-21 所示。

文件(F) 编辑(E) 剪辑(C) 序列(S) 标记(M) 图形(G) 视图(V) 窗口(W) 帮助(H)

图 2-21 菜单栏

菜单栏中的部分命令除了可以用鼠标来操作外，还可以使用组合键来执行。例如，“打开项目”命令可以通过按 Ctrl+O 组合键来执行。

（2）“项目”面板。

“项目”面板是素材文件的管理器，可以输入各种原始素材，并对这些素材进行组织和管理。该窗口可以使用多种显示方式来显示每个片段，包括名称、帧速率和媒体持续时间等。在“项目”窗口中，还可以使用文件夹的形式来管理片段并对其进行预览，如图 2-22 所示为导入了静态素材、动态素材、声音素材后的窗口效果。

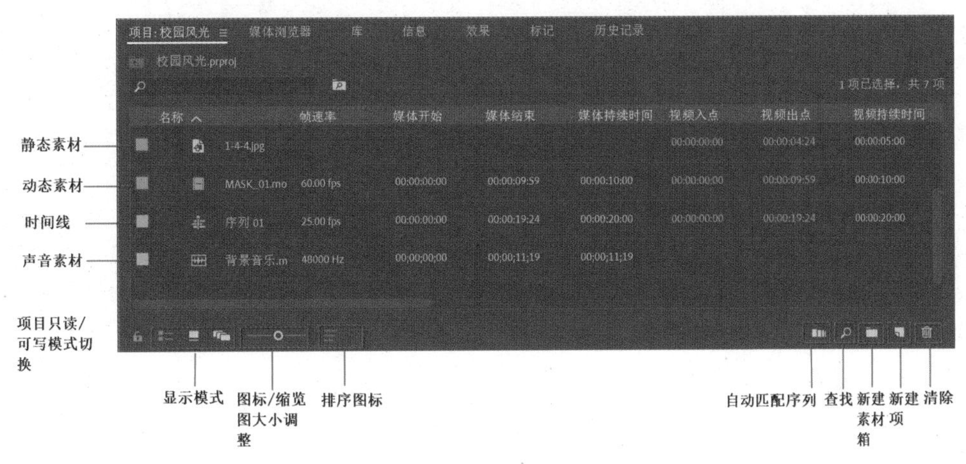

图 2-22 “项目”面板

（3）“时间线”面板。

“时间线”面板是编辑各种素材的中心窗口，是按照时间线排列片段和制作影视节目的编辑窗口，如图 2-23 所示。该窗口中包括影视节目的工作区域、视频轨道、音频轨道、转换轨道和各种工具等。

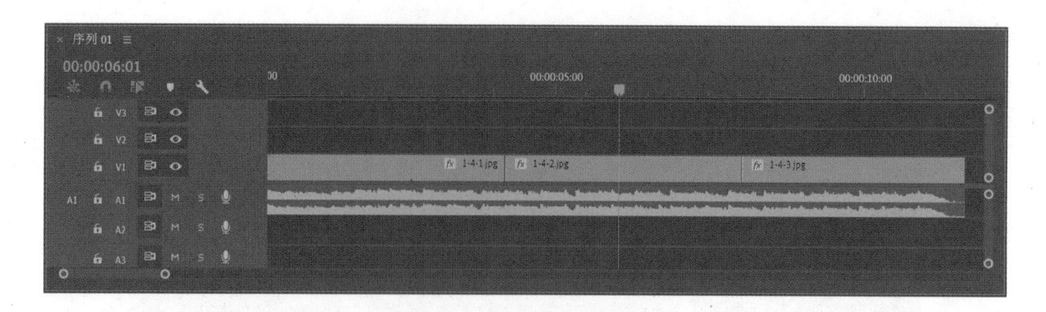

图 2-23 “时间线”面板

在“时间线”面板的音频轨道中，包括左、右两个声道。默认情况下的视频和音频轨道各有三条。如果需要添加轨道数，只要在轨道名称处单击鼠标右键，在弹出的快捷菜单中选择“添加轨道”选项即可。

（4）“效果”面板。

“效果”面板用于添加视频和音频特效及切换效果，例如为图像素材中的人物面部添加“马赛克”效果，保护人物隐私等。

“效果”面板中包含“预设”“Lumetri 预设”“音频效果”“音频过渡”“视频效果”“视频过渡”6 个文件夹，如图 2-24 所示。

（5）“效果控件”面板。

“效果控件”面板用于控制在视频素材中添加的所有特效，包括运动、不透明度、时间重映射等参数，如图 2-25 所示。

（6）“信息”面板。

“信息”面板用于显示当前选择的剪辑素材或过渡效果的相关信息。在“时间线”面板选择一个素材后，“信息”面板就会显示该素材的详细信息，如图 2-26 所示。

图 2-24 “效果”面板

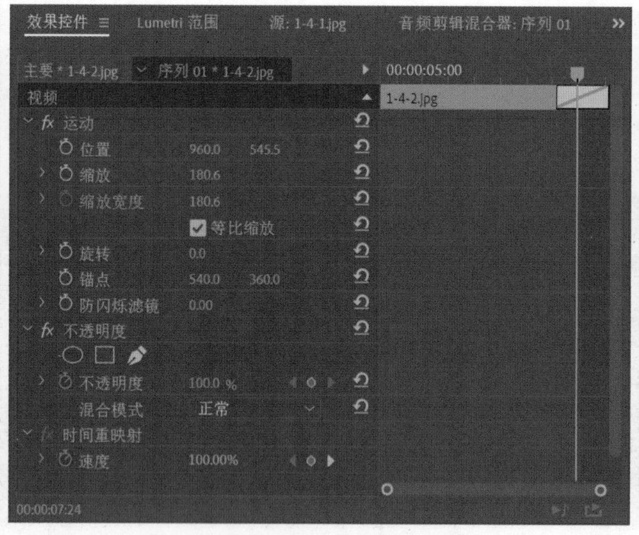

图 2-25 “效果控件”面板

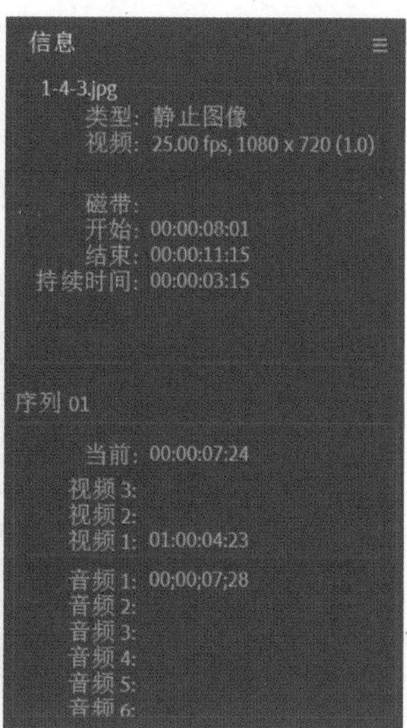

图 2-26 “信息”面板

（7）“监视器”面板。

“监视器”面板包括两个视窗和相应的工具条，主要用于实现素材的剪辑和预演等功能。左侧的视窗用来编辑和播放单独的原始素材，右侧的视窗用来进行时间线素材预演，如图 2-27 所示。

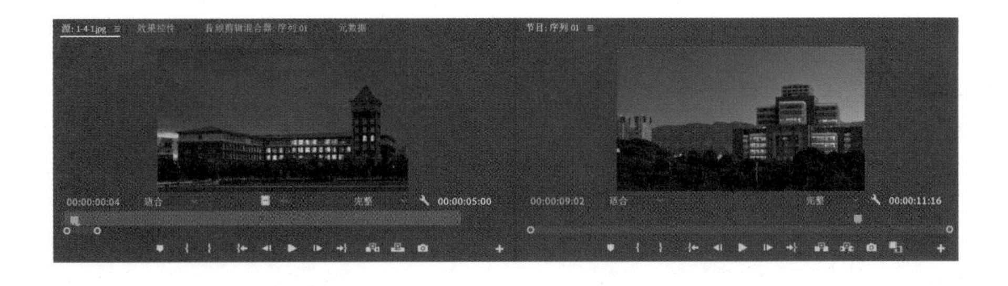

图 2-27 “监视器”面板

（8）工具箱。

工具箱包含了影片编辑中常用的工具，如图 2-28 所示。

工具箱中各种工具按钮的功能如下。

选择工具“ ”：用于选择素材、移动素材和调节素材关键帧。将该工具移到素材的边缘时，鼠标指针会变成拉伸图标“ ”形式，此时可通过拖拽鼠标为素材设置入点和出点。

向前选择轨道工具“ ”：用于选择某一轨道上的所有素材。

波纹编辑工具“ ”：用该工具拖拽素材的出点，可以改变素材的长度，而轨道上其他素材的长度不受影响。

剃刀工具“ ”：用于分割素材。选择剃刀工具后在“时间线”面板中的素材上单击鼠标左键，素材就会被分割成两段，从而产生出新的入点和出点。

外滑工具“ ”：保持要编辑素材的入点和出点不变，改变前一素材的出点和后一素材的入点。

钢笔工具“ ”：用于调整素材的关键帧。

手形工具“ ”：用于改变“时间线”面板的可视区域，在编辑一些较长的素材时，更方便观察。

文字工具“ ”：进行文本输入，例如标题、对白。

（9）标尺栏。

在编辑影片的过程中，有时需要编辑较长的素材，在对这些素材进行编辑时，需要来回拖拽滚动条，如此反复操作会比较麻烦；有时需要编辑的素材时间长度又非常短，很难对其细节进行操作。在 Premiere 中直接拖拽时间线标尺下方控制条两段的按钮，即可达到改变时间单位的目的，如图 2-29 所示。

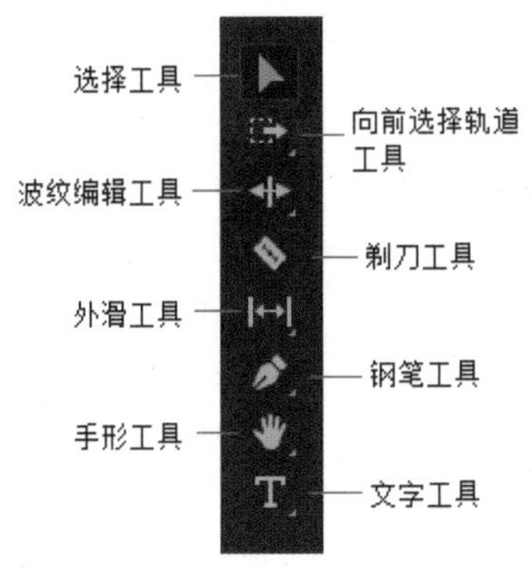

图 2-28 工具箱

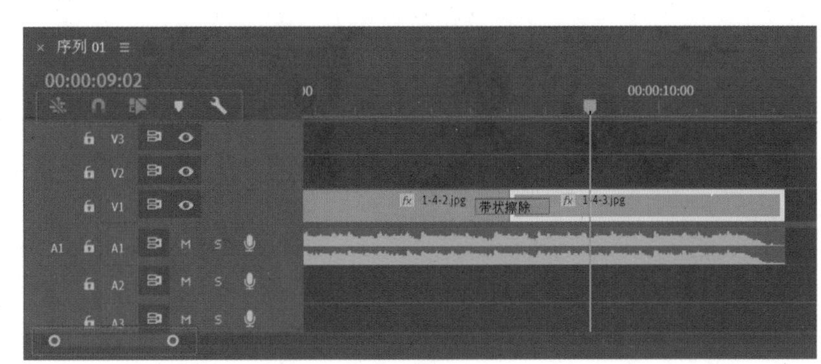

图 2-29 标尺栏

标尺栏中主要按钮的作用如下。

将序列作为嵌套或个别剪辑插入并覆盖“ ”：激活该按钮，把嵌套拖进序列就以嵌套的形式呈现，不激活该按钮，序列就是以素材的方式呈现。

对齐“ ”：单击该按钮可以让素材边缘自动吸附对齐。

链接选择项“ ”：激活该按钮，选择操作音、视频某一轨道素材会同时选择、操作相链接的音、视频轨道素材。

添加标记“ ”：单击该按钮，在轨道上设置无序号的标记。

时间轴显示设置“ ”：用于显示 / 关闭时间轴的各种视图内容，例如显示视频缩览图、显示音频波形。

三、学习任务小结

通过本次课的学习，同学们已经初步了解了 Premiere 操作界面的基本布局。通过对各功能面板的学习，了解各功能面板的基本功能，掌握各面板的基本操作，熟练运用各工具进行影视后期制作操作，为后面各案例的学习打下坚实的基础。要想熟练掌握本节课内容需要同学们在课下多加训练，活学活用。

四、课后作业

（1）每位同学对预定义工作区进行资料收集，总结出各工作区的侧重点。

（2）收集影视后期制作后，对颜色、效果、音频方面需要掌握的知识进行讲解。

常用的视频过渡和视频特效

教学目标

（1）专业能力：能认识 Premiere 常用的视频过渡、视频特效；能掌握各种视频过渡、视频特效的具体使用方法和技巧。

（2）社会能力：了解视频过渡、视频特效等相关后期制作的学习要求，掌握视频创意制作技巧，能够将所学应用于影视后期合成的实际案例中。

（3）方法能力：提高学生的自主学习能力，培养学生的分析应用能力和创造性思维能力。

学习目标

（1）知识目标：认识 Premiere 常用的视频过渡、视频特效，掌握各种视频过渡、视频特效的具体使用方法和技巧。

（2）技能目标：能够识记视频过渡、视频特效的大类划分，掌握常用视频过渡和视频特效的使用技巧。

（3）素质目标：能够清晰识记各概念，增强观察力和记忆力，养成良好的团队协作能力和语言表达能力以及综合职业能力。

教学建议

1. 教师活动

（1）教师通过前期录制的讲解视频对相关知识点进行基本展示，提高学生对视频过渡、视频特效的直观认识。同时，运用多媒体课件、教学视频等多种教学手段，讲授本节课基础知识，指导学生正确操作、使用各专业知识。

（2）教师在授课中对各知识点进行分析讲解，引导学生将讲授内容进行对比，更好识记、理解。

（3）教师通过对知识点的讲解展示，让学生掌握各工具的使用技巧。

2. 学生活动

（1）看教师示范，进行课堂练习。

（2）学生在教师的组织和引导下完成视频过渡、视频特效的学习任务，进行自评、互评、教师点评等。

一、学习问题导入

在欣赏影视作品时，我们时常看到各种漂亮、炫酷的画面转场效果，让人感受到影视后期合成的强大功能。这些炫酷的画面转场效果是如何实现的呢？今天就让我们一起来学习相关内容。

二、学习任务讲解

1. 常用视频过渡

视频过渡也可以称为视频转场，主要用来处理一个场景到另一个场景的转场情况。转场分为两种，即硬转和软转。硬转是指在一个场景完成后紧接着另一个场景，其间没有引入转场特效；软转是相对硬转而言的，是指在一个场景完成后，运用某一种转场特效过渡到下个场景，使转场自然流畅，并能够表达用户的一些想法。

下面将对 Premiere 中常用的视频转场进行详细的介绍。

（1）“立方体旋转”过渡——城市风光。

“立方体旋转”过渡是图像 A 旋转以显示图像 B，两幅图像映射到立方体的两个面。

步骤一：启动 Premiere 程序，点击“新建项目”按钮，如图 2-30 所示，弹出“新建项目”窗口。

步骤二：将项目保存位置修改为自己想要的盘符目录位置，项目名称修改为“城市风光”，如图 2-31 所示。

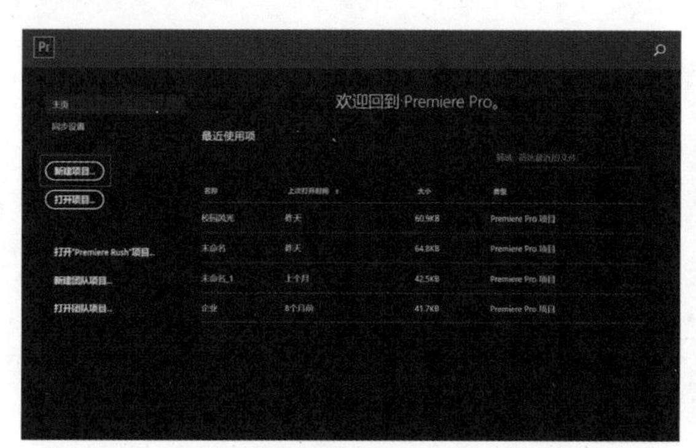

图 2-30 单击“新建项目”按钮

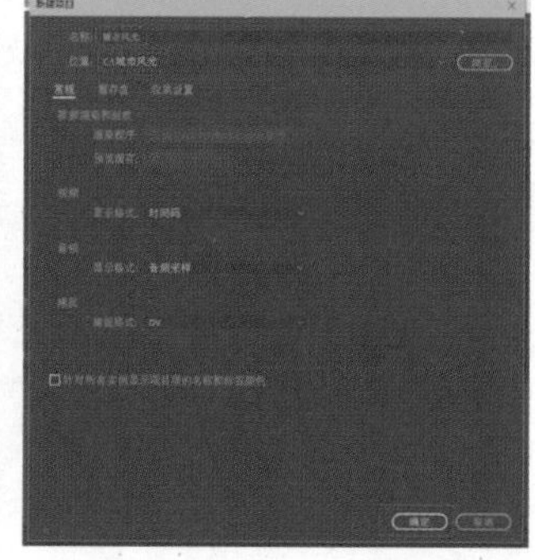

图 2-31 设置“新建项目”存储路径

步骤三：项目创建完成后，在“项目”面板右下方，单击“创建”按钮或按 Ctrl+N 组合键，创建新的序列，如图 2-32 所示。

步骤四：在“序列预设”窗口中展开 AVCHD 选项，选择“AVCHD 1080p25”选项，创建“1920X1080”序列，修改“序列名称”为“城市风光”，如图 2-33 所示。

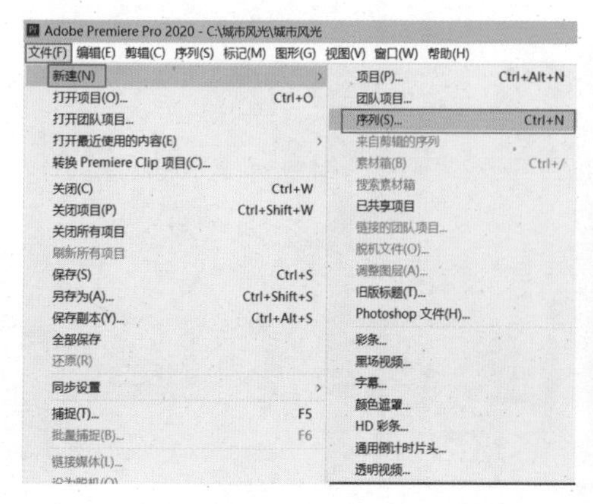

图 2-32 创建“序列”

图 2-33 设置“序列预设”

步骤五：单击“文件”-“导入”命令或按 Ctrl+I 组合键，弹出“导入”对话框，在该对话框中选择“素材项目二 - 任务三 - 城市风光”文件夹中所需的四幅素材图像，如图 2-34 所示。

步骤六：单击“打开”按钮，将选择的四幅素材图像添加到“项目”面板中，如图 2-35 所示。

图 2-34 选择图像素材

图 2-35 导入的素材图像

步骤七：确认“时间线”面板的当前位置标记处于 00：00：00：00 帧的位置，将刚刚导入的四幅素材图像直接拖拽到“时间线”面板的“V1”轨道中，如图 2-36 所示。

步骤八：为了更好地观察图像素材，拖拽“时间线”面板“标尺栏”下方控制条右侧按钮，如图 2-37 所示。调整图像素材在时间线面板中的显示大小。

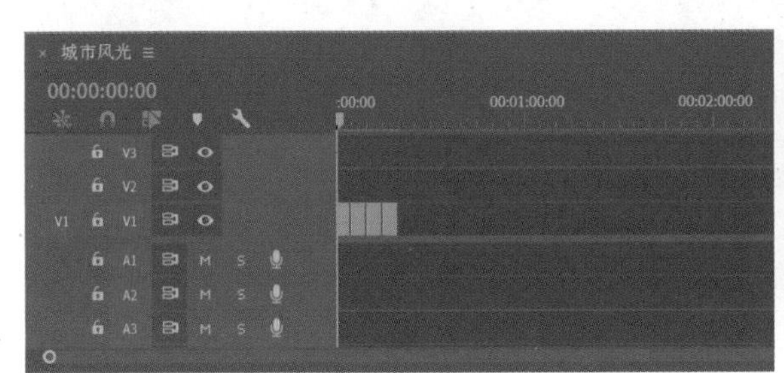

图 2-36 导入素材至轨道中

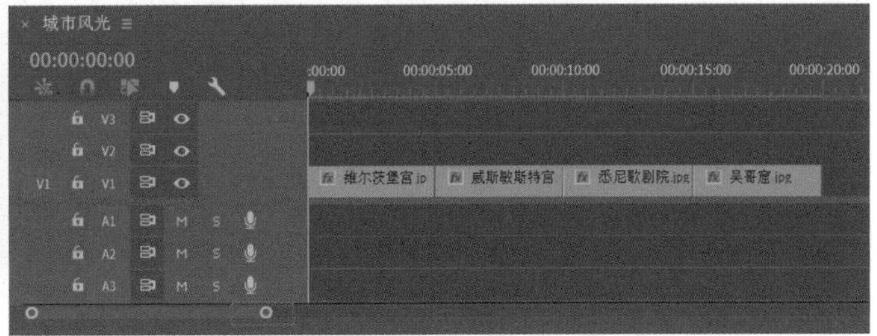

图 2-37 调整图像素材显示大小

步骤九：选中“V1”轨道中的第一个图像素材“维尔茨堡宫 .jpg”，在左上方“效果控件”中将“缩放”调整为“320.0”，如图 2-38 所示。节目监视器中的图像显示如图 2-39 所示。

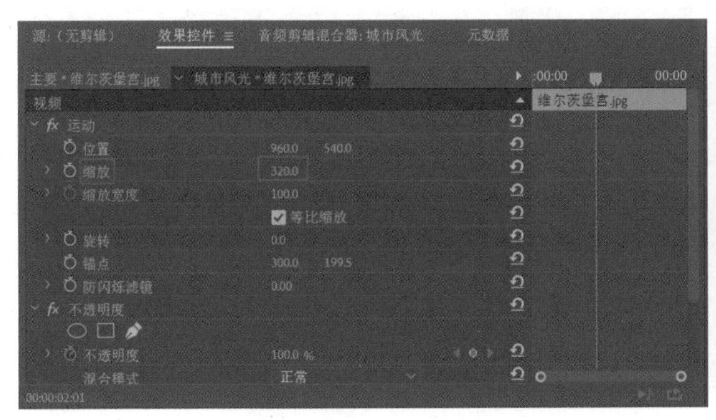

图 2-38 设置第一个图像素材“缩放”参数

图 2-39 节目监视器中的图像显示

步骤十：选中“V1”轨道中的第二个图像素材“威斯敏斯特宫 .jpg”，将时间线滑块拖动到图像素材“威斯敏斯特宫 .jpg”上，在左上方“效果控件”中将“缩放”调整为“320.0”，如图 2-40 所示。节目监视器中的图像显示如图 2-41 所示。

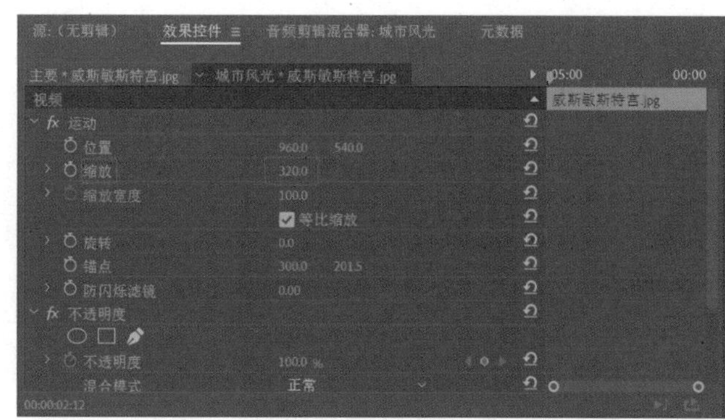

图 2-40 设置第二个图像素材“缩放”参数

图 2-41 节目监视器中的图像显示

步骤十一：选中“V1”轨道中的第三个图像素材“悉尼歌剧院 .jpg”，将时间线滑块拖动到图像素材“悉尼歌剧院 .jpg”上，在左上方“效果控件”中将“缩放”调整为“320.0”，如图 2-42 所示。节目监视器中的图像显示如图 2-43 所示。

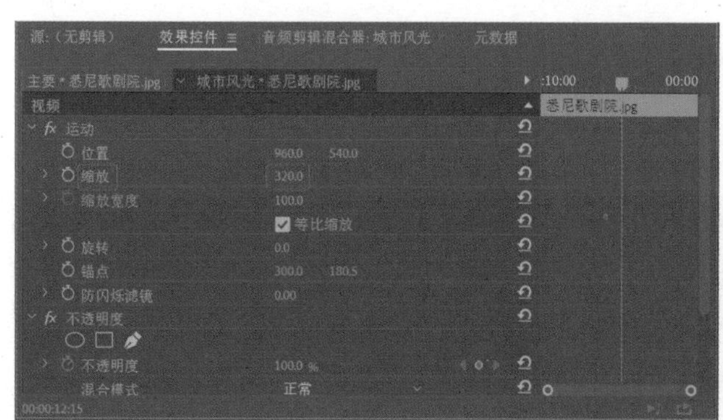

图 2-42 设置第三个图像素材 3“缩放”参数

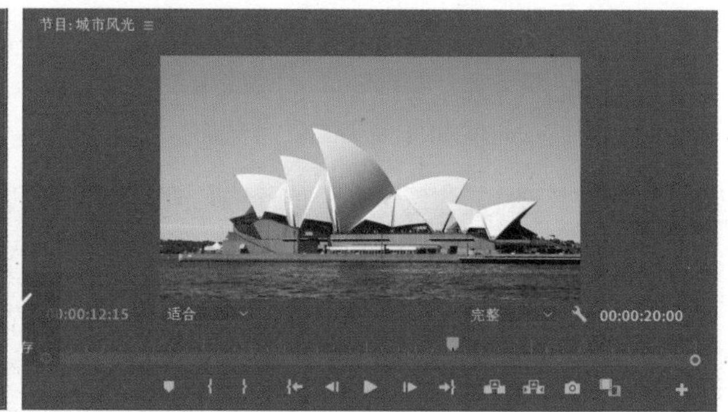

图 2-43 节目监视器中的图像显示

步骤十二：选中“V1”轨道中的第四个图像素材“吴哥窟 .jpg”，将时间线滑块拖动到图像素材“吴哥窟 .jpg”上，在左上方“效果控件”中将“缩放”调整为“320.0”，如图 2-44 所示。节目监视器中的图像显示如图 2-45 所示。

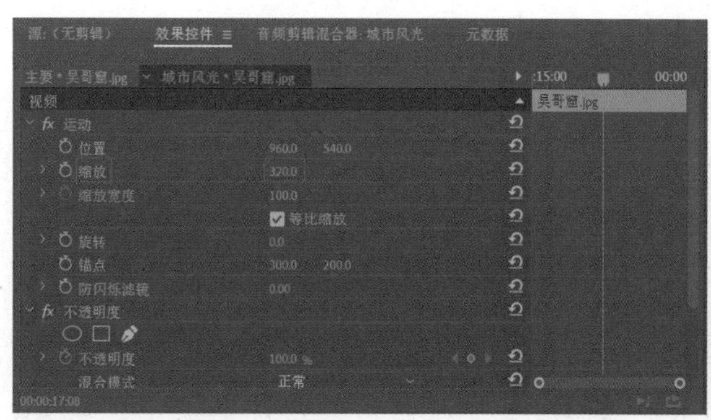

图 2-44 设置第四个图像素材“缩放”参数

图 2-45 节目监视器中的图像显示

步骤十三：将时间线滑块拖动到起始位置 00：00：00：00，按“节目”监视器面板上的播放 / 停止“▶”按钮，预览一遍图像。

步骤十四：点击“项目”面板右侧的“效果”面板，找到“视频过渡”-“3D 运动”-“立方体旋转”命令，如图 2-46 所示。

步骤十五：将“立方体旋转”命令拖动到图像素材“维尔茨堡宫 .jpg”和图像素材“威斯敏斯特宫 .jpg”两个图像素材中间，如图 2-47 所示。

图 2-46 “立方体旋转”命令　　图 2-47 将“立方体旋转”命令拖动

步骤十六：按“节目”监视器面板上的播放 / 停止“▶”按钮，预览前两个图像的视频过渡“立方体旋转”效果，如图 2-48 所示。

步骤十七：单击添加到两素材中间的“立方体旋转”视频过渡，会在左上方显示“效果控件”面板，可在这里准确设置“立方体旋转”视频过渡的“持续时间”“对齐”“开始”“结束”“显示实际源”“反向”等参数，如图 2-49 所示。

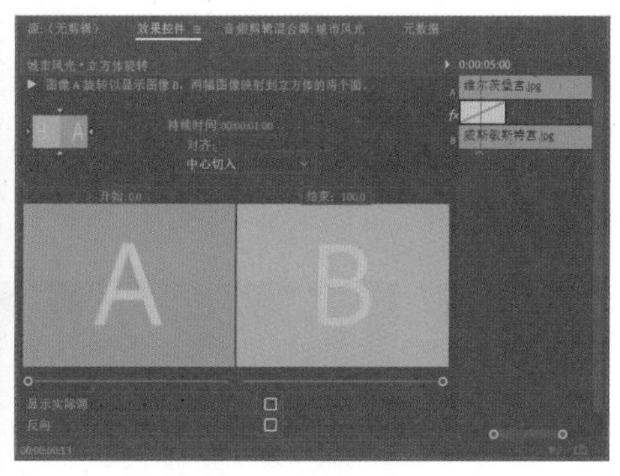

图 2-48 预览“立方体旋转”视频过渡　　图 2-49 “立方体旋转”参数设置

步骤十八：分别为后面的图像素材相交处添加“立方体旋转”视频过渡，按“节目”监视器面板上的播放 / 停止“▶”按钮，预览一遍图像，该视频过渡制作完成，如图 2-50 所示。

（2）“油漆飞溅”过渡——水中舞者。

“油漆飞溅”过渡以泼油漆的形式显示图像 A 下面的图像 B。

步骤一：创建一个“新建项目”，将项目保存位置修改为自己想要的盘符目录位置，项目名称修改为“水中舞者”，按 Ctrl+N 组合键，创建新的序列，在“序列预设”窗口中展开“AVCHD”选项，选择“AVCHD 1080p25”选项，创建“1920X1080”序列，修改“序列名称”为“水中舞者”。

图 2-50 “立方体旋转”过渡效果

步骤二：按 Ctrl+I 组合键，弹出“导入”对话框，在该对话框中选择“素材 - 项目二 - 任务三 - 水中舞者”文件夹中的四幅素材图像，将其拖拽到“时间线”面板的“V1”轨道中，如图 2-51 所示。

步骤三：选中“V1”轨道中的图像素材“2.jpg”，在“效果控件”中将“缩放”调整为“30.0”；图像素材“1.jpg”在“效果控件”中将“缩放”调整为“66.0”；图像素材“3.jpg”，在“效果控件”中将“缩放”调整为“35”；图像素材“4.jpg”，在“效果控件”中将“缩放”调整为“65.0”。

步骤四：点击“效果”面板，找到“视频过渡”-“擦除”-“油漆飞溅”命令，拖动到两个图像素材中间，如图 2-52 所示。

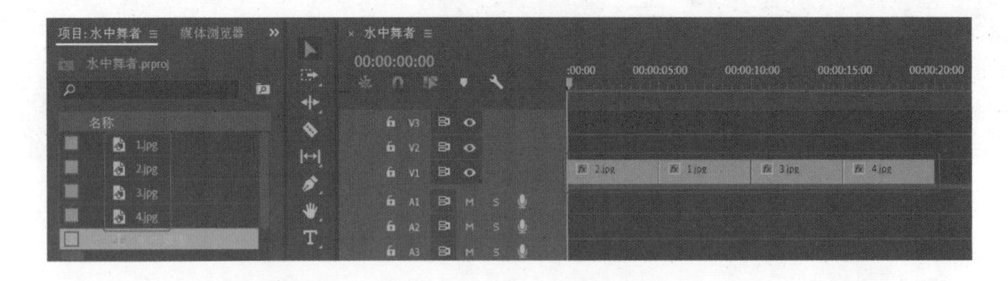

图 2-51 拖拽素材至轨道中

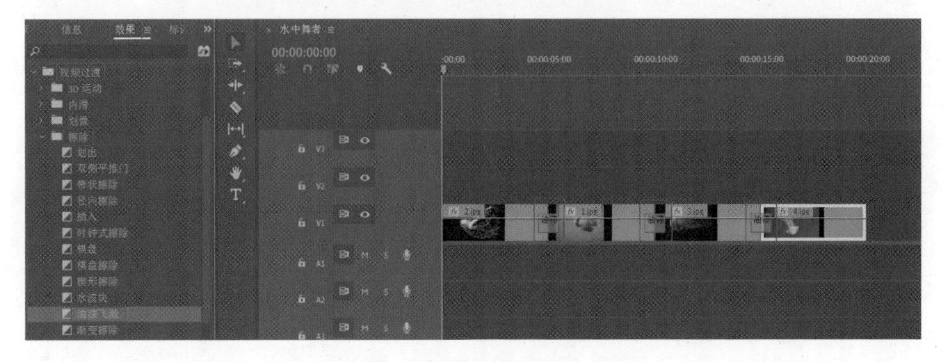

图 2-51 添加“油漆飞溅”命令

步骤五：按“节目”监视器面板上的播放 / 停止“▶”按钮或者空格键，预览两个图像间的视频过渡效果，如图 2-53 所示。

图 2-53 “油漆飞溅”过渡效果

步骤六：单击添加到两素材中间的“油漆飞溅”视频过渡，在 “效果控件”面板，可设置视频过渡的“持续时间”“对齐”“开始”“结束”“显示实际源”“边框宽度”“边框颜色”“反向”“消除锯齿品质”等参数，如图 2-54 所示。

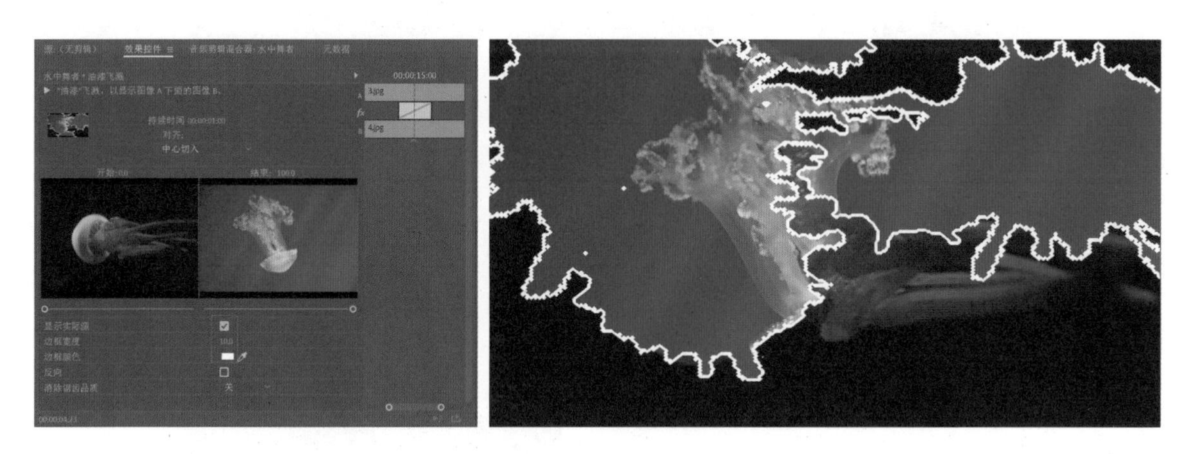

图 2-54 “油漆飞溅”参数设置效果

（3）“风车”过渡——时令水果。

“风车”过渡是从图像 A 的中心进行多次扫掠擦除以显示图像 B。

步骤一：创建一个“新建项目”，将项目保存位置修改为自己想要的盘符目录位置，项目名称修改为“时令水果”，按 Ctrl+N 组合键，创建新的序列，在“序列预设”窗口中展开“AVCHD”选项，选择“AVCHD 1080p25”选项，创建“1920X1080”序列，修改“序列名称”为“时令水果”。

步骤二：按 Ctrl+I 组合键，弹出“导入”对话框，在该对话框中选择“素材 - 项目二 - 任务三 - 时令水果”文件夹中的四幅素材图像，将其拖拽到“时间线”面板的“V1”轨道中。

步骤三：参照前面缩放素材图像的方法，对“V1”轨道中的图像素材大小进行适当调整。

步骤四：点击“效果”面板，找到“视频过渡”-“擦除”-“风车”命令，拖动到两个图像素材中间，如图 2-55 所示。

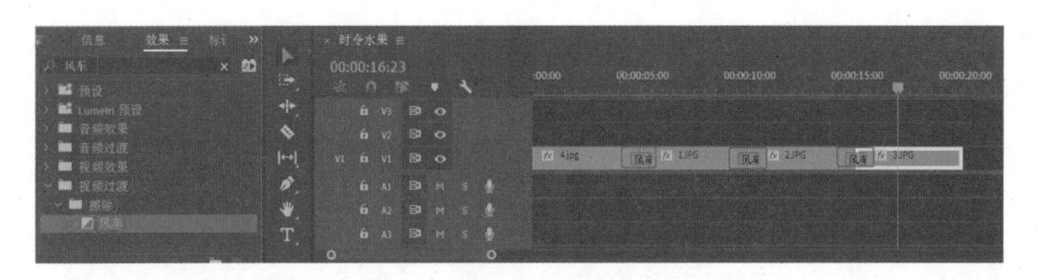

图 2-55 添加“风车”命令

步骤五：按“节目”监视器面板上的播放 / 停止“▶”按钮或者空格键，预览两个图像间的视频过渡效果，如图 2-56 所示。

图 2-56 “风车”过渡效果

步骤六：单击“效果控件”面板，可设置视频过渡的“持续时间”“对齐”“开始”“结束”“显示实际源”“边框宽度”“边框颜色”“反向”“消除锯齿品质”等参数。单击“自定义”按钮，可以设置风车的楔形数量，如图 2-57 所示。

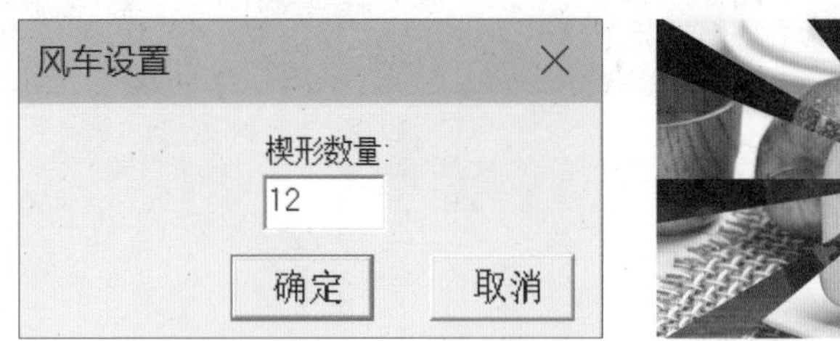

图 2-57 修改“风车”楔形数量及其过渡效果

（4）“带状内滑”过渡——映日荷花。

“带状内滑”过渡：图像 B 在水平、垂直或对角线方向上以条形滑入，逐渐覆盖图像 A。

步骤一：创建一个“新建项目”，将项目保存位置修改为自己想要的盘符目录位置，项目名称修改为“映日荷花”，按 Ctrl+N 组合键，创建新的序列，在“序列预设”窗口中展开“AVCHD”选项，选择“AVCHD 1080p25”选项，创建“1920X1080”序列，修改“序列名称”为“映日荷花”。

步骤二：按 Ctrl+I 组合键，弹出“导入”对话框，在该对话框中选择“素材 - 项目二 - 任务三 - 映日荷花”文件夹中的四幅素材图像，将其拖拽到“时间线”面板的“V1”轨道中。

步骤三：参照前面缩放素材图像的方法，对“V1”轨道中的图像素材大小进行适当调整。

步骤四：点击“效果”面板，找到“视频过渡”-“内滑”-“带状内滑”命令，拖动到两个图像素材中间，如图 2-58 所示。

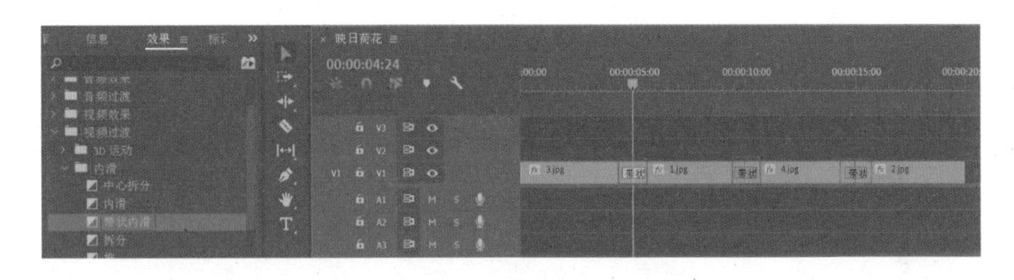

图 2-58 添加“带状内滑”命令

步骤五：按“节目”监视器面板上的播放 / 停止“ ”按钮或者空格键，预览两个图像间的视频过渡效果，如图 2-59 所示。

步骤六：单击“效果控件”面板，可设置视频过渡的“持续时间”“对齐”“开始”“结束”“显示实际源”“边框宽度”“边框颜色”“反向”“消除锯齿品质”等参数。单击“自定义”按钮，可以设置带状滑动的带数量，如图 2-60 所示。

图 2-59 “带状滑动”过渡效果

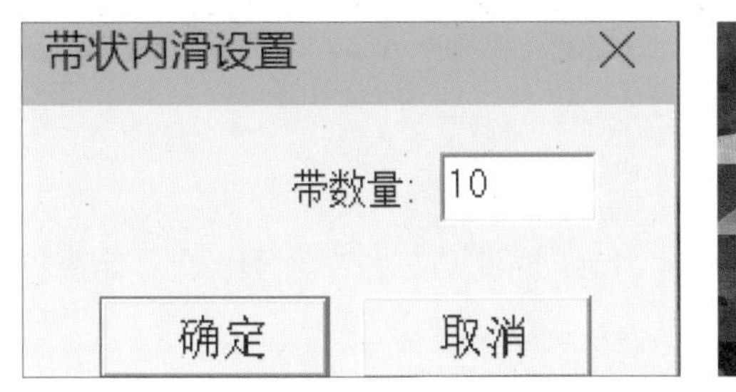

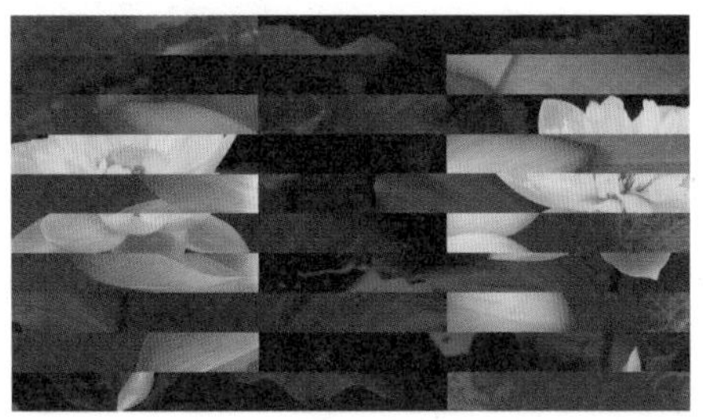

图 2-60 修改“风车”楔形数量及其过渡效果

（5）“交叉缩放”过渡——盛情绽放。

“交叉缩放”过渡是图像 A 放大然后图像 B 缩小的过渡效果。

步骤一：创建一个“新建项目”，将项目保存位置修改为自己想要的盘符目录位置，项目名称修改为“盛情绽放”，按 Ctrl+N 组合键，创建新的序列，在“序列预设”窗口中展开“AVCHD”选项，选择“AVCHD 1080p25”选项，创建“1920X1080”序列，修改“序列名称”为“盛情绽放”。

步骤二：按 Ctrl+I 组合键，弹出“导入”对话框，在该对话框中选择“素材－项目二－任务三－盛情绽放”文件夹中的四幅素材图像，将其拖拽到“时间线”面板的“V1”轨道中。

步骤三：参照前面缩放素材图像的方法，对“V1”轨道中的图像素材大小进行适当调整。

步骤四：点击“效果”面板，找到“视频过渡”－“缩放”－“交叉缩放”命令，拖动到两个图像素材中间，如图 2-61 所示。

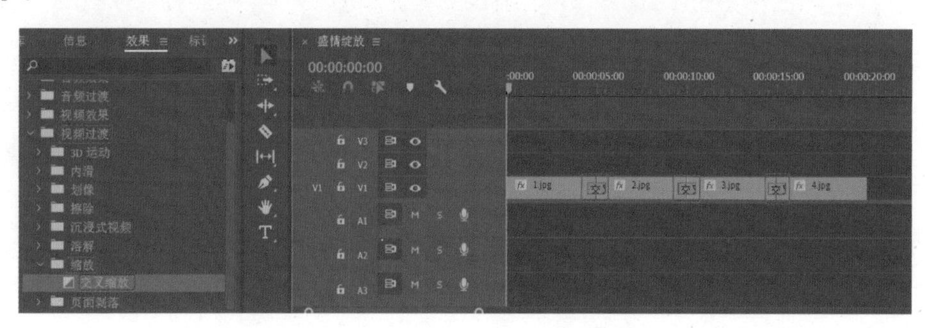

图 2-61 添加“交叉缩放”命令

步骤五：按“节目”监视器面板上的播放 / 停止“▶”按钮或者空格键，预览两个图像间的视频过渡效果，如图 2-62 所示。

图 2-62 “交叉缩放”过渡效果

步骤六：单击“效果控件”面板，可设置视频过渡的“持续时间”“对齐”“开始”“结束”“显示实际源”等参数。

（6）“翻页”过渡——美食天下。

“翻页”过渡就是图像 A 卷曲以显示下面的图像 B 的过渡方式。

步骤一：创建一个“新建项目”，将项目保存位置修改为自己想要的盘符目录位置，项目名称修改为“美食天下”，按 Ctrl+N 组合键，创建新的序列，在“序列预设”窗口中展开“AVCHD”选项，选择“AVCHD 1080p25”选项，创建“1920X1080”序列，修改“序列名称”为“美食天下”。

步骤二：按 Ctrl+I 组合键，弹出“导入”对话框，在该对话框中选择“素材 - 项目二 - 任务三 - 美食天下”文件夹中的四幅素材图像，将其拖拽到“时间线”面板的“V1”轨道中。

步骤三：参照前面缩放素材图像的方法，对“V1”轨道中的图像素材大小进行适当调整。

步骤四：点击“效果”面板，找到“视频过渡”-“页面剥落”-“翻页”命令，拖动到两个图像素材中间，如图 2-63 所示。

步骤五：按“节目”监视器面板上的播放 / 停止“ ▶ ”按钮或者空格键，预览两个图像间的视频过渡效果，如图 2-64 所示。

步骤六：单击“效果控件”面板，可设置视频过渡的“持续时间”“对齐”“开始”“结束”“显示实际源”“反向”等参数。

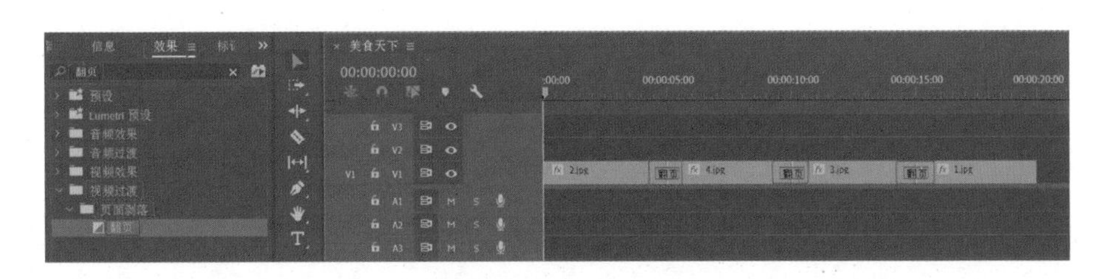

图 2-63 添加“翻页”命令

图 2-64 “翻页”过渡效果

2. 常用视频特效

视频特效一般用于修补影像素材中的某些缺陷，或者使视频画面达到某种特殊的效果，为更好地表现作品主题服务。

（1）“颜色平衡”特效——缤纷四季。

“颜色平衡”特效是对图像的色相、亮度和饱和度各项参数进行调整，从而达到改变图像效果的目的。

步骤一：创建一个“新建项目”，将项目保存位置修改为自己想要的盘符目录位置，项目名称修改为“缤纷四季”，按 Ctrl+N 组合键，创建新的序列，在“序列预设”窗口中展开“AVCHD”选项，选择“AVCHD 1080p25”选项，创建“1920X1080”序列，修改“序列名称”为“缤纷四季”。

步骤二：按 Ctrl+I 组合键，弹出“导入”对话框，在该对话框中选择“素材 - 项目二 - 任务三 - 缤纷四季”文件夹中的素材图像，将其拖拽到“时间线”面板的“V1”轨道中。

步骤三：参照前面缩放素材图像的方法，对“V1”轨道中的图像素材大小进行适当调整。

步骤四：利用选择工具“ ”将素材长度拖拽到 10 秒长。

步骤五：点击“效果”面板，找到“视频效果” - “图像控制” - “颜色平衡（RGB）”命令，拖动到图像素材上，如图 2-65 所示。

步骤六：在“效果控件”面板“颜色平衡（RGB）”命令的 0 秒处单击“ ”为红色、绿色、蓝色添加关键帧，3 秒、5 秒、7 秒处单击“ ”分别为红色、绿色、蓝色添加关键帧。利用转到上一关键帧工具“ ”将时间帧指针跳转到 0 秒处，设置“颜色平衡（RGB）”的“红色”参数为“50”，“绿色”参数为“150”，“蓝色”参数为“0”，调制出春天的色彩，如图 2-66 所示。

步骤七：利用转到下一关键帧工具“ ”将时间帧指针跳转到 3 秒处，设置“颜色平衡（RGB）”的“红色”参数为“20”，“绿色”参数为“150”，“蓝色”参数为“50”，调制出夏天的色彩，如图 2-67 所示。

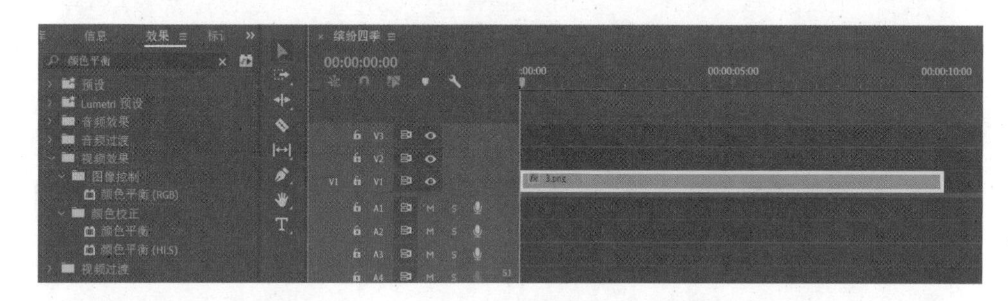

图 2-65 添加“颜色平衡（RGB）”命令

图 2-66 “颜色平衡”春天画面效果

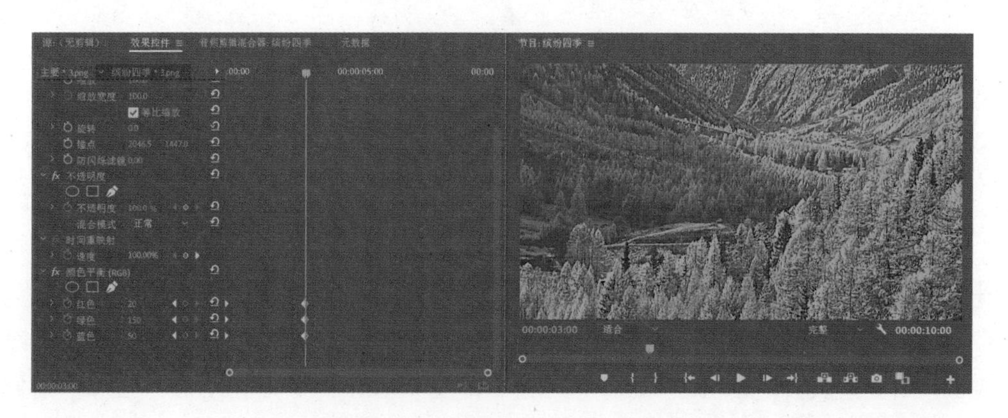

图 2-67 “颜色平衡”夏天画面效果

步骤八：利用转到下一关键帧工具“ ”将时间帧指针跳转到 5 秒处，调制出秋天的色彩，参数设置为红色“100”，绿色“100”，蓝色“100”，如图 2-68 所示。

步骤九：利用转到下一关键帧工具“ ”将时间帧指针跳转到 7 秒处，调制出冬天的色彩，参数设置为红色“30”，绿色“30”，蓝色“100”，如图 2-69 所示。

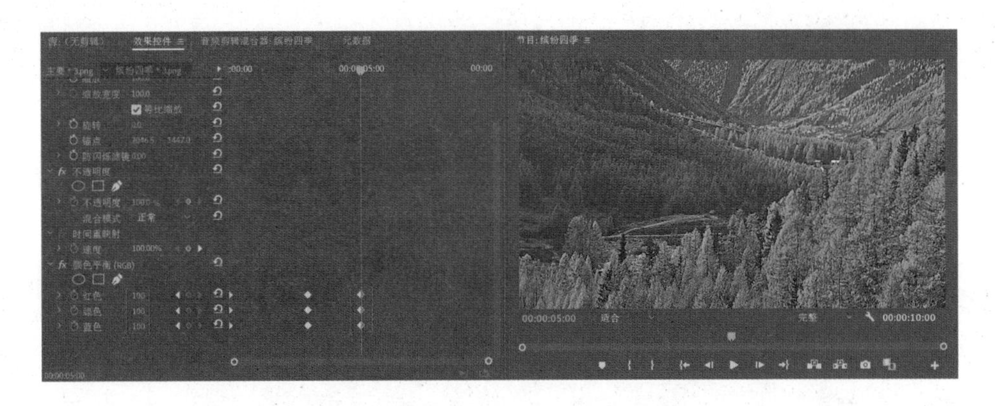

图 2-68 “颜色平衡”秋天画面效果

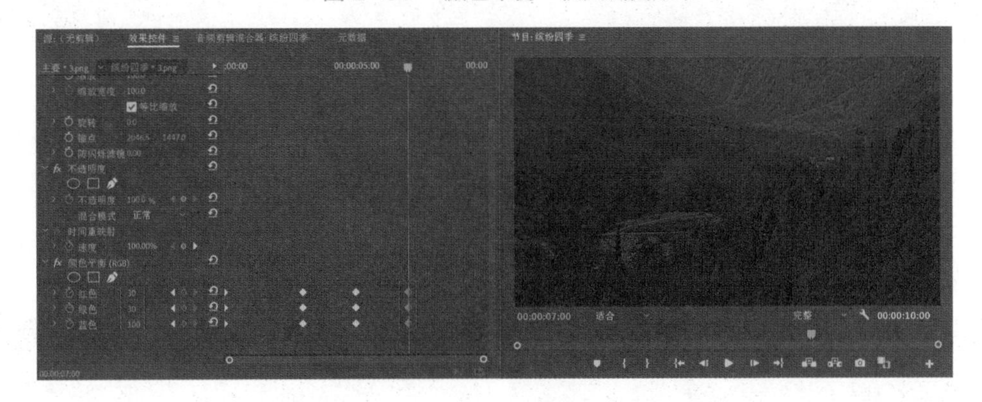

图 2-69 “颜色平衡”冬天画面效果

（2）“渐变擦除”特效——大好河山。

“渐变擦除”特效是按照用户选定的图像利用明暗对比渐变慢慢融合擦除的效果。

步骤一：创建一个“新建项目”，将项目保存位置修改为自己想要的盘符目录位置，项目名称修改为“大好河山”，按 Ctrl+N 组合键，创建新的序列，在“序列预设”窗口中展开“AVCHD”选项，选择“AVCHD 1080p25”选项，创建“1920X1080”序列，修改“序列名称”为“大好河山”。

步骤二：按 Ctrl+I 组合键，弹出“导入”对话框，在该对话框中选择“素材 - 项目二 - 任务三 - 大好河山”文件夹中的三个素材，将“云雾”素材拖拽到“时间线”面板的“V3”轨道中，如图 2-70 所示。

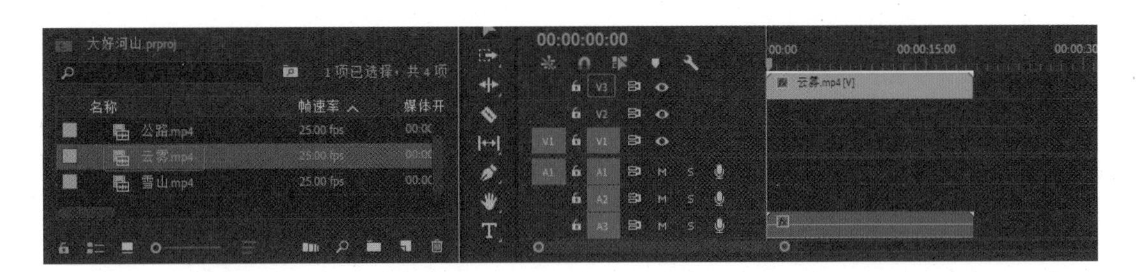

图 2-70 拖入“云雾”素材

步骤三：单击“00:00:00:00”播放指示器位置输入“1700”，将时间线指针定位到 17 秒位置。将“雪山”素材拖拽到“时间线”面板的“V2”轨道 17 秒位置，如图 2-71 所示。

图 2-71 拖入“雪山”素材

步骤四：单击“00:00:00:00”播放指示器位置输入“2500”，将时间线指针定位到 25 秒位置。将“公路”素材拖拽到“时间线”面板的“V1”轨道 25 秒位置，如图 2-72 所示。

图 2-72 拖入“公路”素材

步骤五：点击“效果”面板，找到“视频效果”-“过渡”-“渐变擦除”命令，拖动到“云雾”素材上，在“效果控件”面板“渐变擦除”的“过渡完成”命令 17 秒处单击“ ”为其添加关键帧，数值设为“0%”，如图 2-73 所示，在“云雾”素材结束位置，设置“过渡完成”数值为“100%”，系统自动为其添加关键帧，如图 2-74 所示。

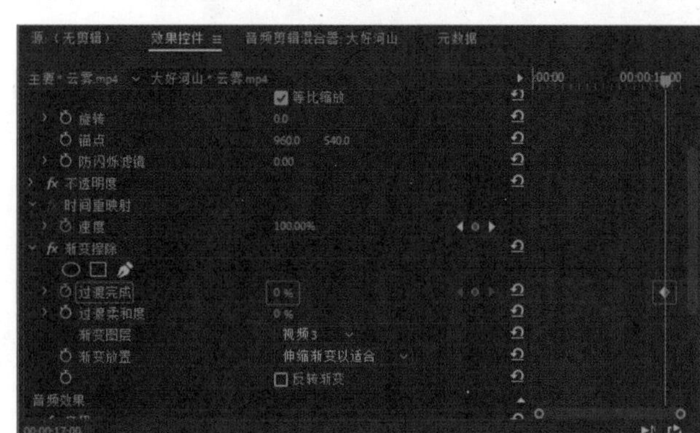

图 2-73 添加关键帧

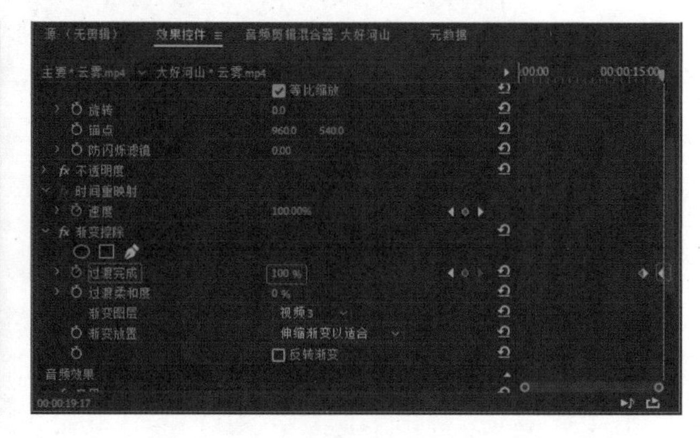

图 2-74 设置参数

步骤六：按“节目”监视器面板上的播放 / 停止“ ”按钮或者空格键，预览两个素材间的视频过渡效果，如图 2-75 所示。

步骤七：将“渐变擦除”命令拖动到“雪山”素材上，在“效果控件”面板“渐变擦除”的“过渡完成”命令 25 秒处单击“ ”为其添加关键帧，数值设为“0%”，如图 2-76 所示。在“雪山”素材结束位置，设置“过渡完成”数值为“100%”，如图 2-77 所示。

（3）“马赛克”特效——保护嫌疑人。

“马赛克”效果是一种图像（视频）处理手段，常用于遮挡重要部分。

步骤一：创建一个“新建项目”，将项目保存位置修改为自己想要的盘符目录位置，项目名称修改为“保护嫌疑人”，按 Ctrl+N 组合键，创建新的序列，在“序列预设”窗口中展开“AVCHD”选项，选择“1080p”文件夹里面的“AVCHD 1080p25”选项，创建“1920X1080”序列，修改“序列名称”为“保护嫌疑人”。

步骤二：按 Ctrl+I 组合键，弹出“导入”对话框，在该对话框中选择“素材 - 项目二 - 任务三 - 保护嫌疑人”文件夹中的视频素材“保护嫌疑人 .mp4”，将其拖拽到“时间线”面板的“V1”轨道。

步骤三：按键盘上的“空格键”播放浏览素材，并将素材拖拽到“时间线”面板的“V2”轨道一份，在视频素材上右键单击，选择“取消链接”，删除 A2 轨道上的音频文件，如图 2-78 所示。

步骤四：点击“效果”面板，找到“视频效果”-“风格化”-“马赛克”命令，拖动到“时间线”面板的“V2”素材位置上，如图 2-79 所示。

步骤五：将时间线移动到 21 帧的位置，选择效果控件面板“马赛克”命令下面的“创建 4 点多边形蒙版”，调整“马赛克”的位置，将男嫌疑人的眼睛遮住，并在“蒙版不透明度”命令上创建关键帧，数值设置为“100%”，如图 2-80 所示。

图 2-75 “渐变擦除”过渡效果

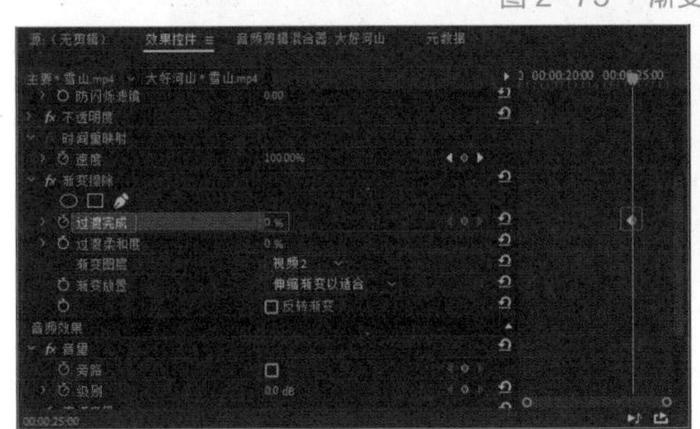

图 2-76 添加关键帧

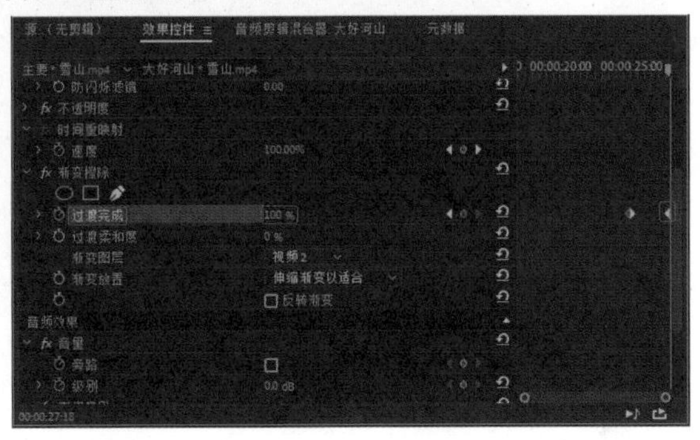

图 2-77 设置参数

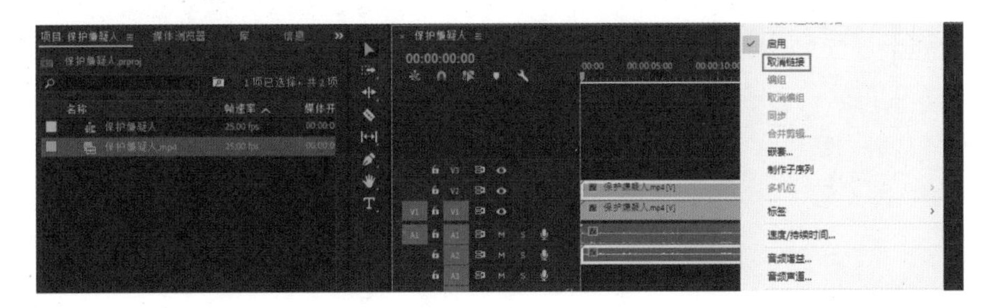

图 2-78 取消素材链接

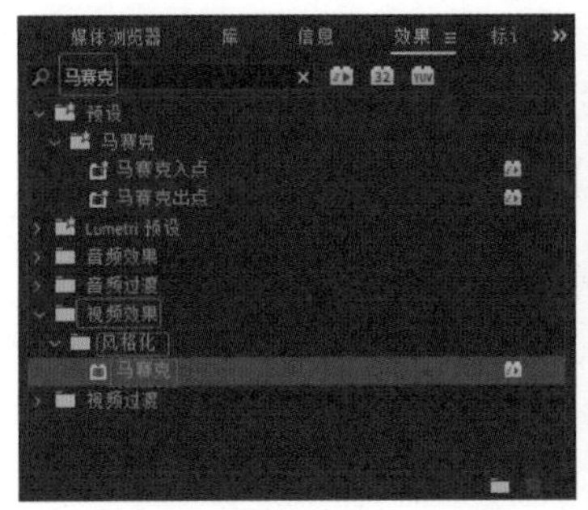

图 2-79 添加“马赛克”命令

步骤六：按“空格键”播放一遍视频，检查男嫌疑人的眼睛是否有漏出的区域，如有，点击“蒙版路径”中的“ ”向前追踪所选蒙版，直到各标记时间段均无穿帮。

步骤七：素材一开始男当事人出现时，画面中仍有马赛克，通过设置“蒙版不透明度”，将马赛克去除掉，将时间线移动到起始位置，数值设置为“0%”，如图 2-81 所示。

步骤八：单击“文件”菜单中的“导出”—“媒体”命令，弹出“导出设置”对话框，设置格式为“H.264”，选择“输出名称”修改为“保护嫌疑人”，保存路径，“导出”视频。

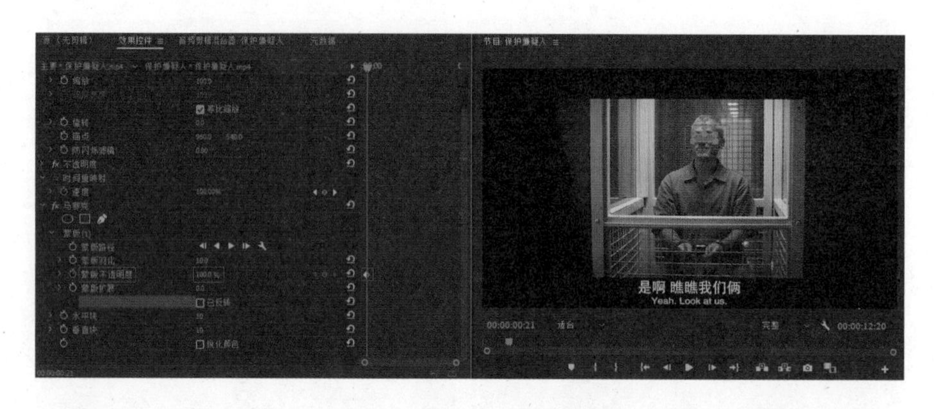

图 2-80 马赛克调整效果

图 2-81 蒙版不透明度设置

三、学习任务小结

通过本次课的学习，同学们已经初步了解了Premiere视频过渡和视频特效的运用。通过对各知识点的学习，了解视频过渡的基本功能，掌握常用过渡效果的基本操作，熟练运用视频特效进行影视后期制作操作，为后面各案例的学习打下坚实的基础。要想熟练掌握本节课内容，同学们需要在课下多加训练，活学活用。

四、课后作业

（1）每位同学收集 5 个喜欢的视频过渡资料，总结出各视频过渡的使用技巧。

（2）每位同学收集 3 个喜欢的视频特效资料，总结出各视频特效的使用技巧。

项目三 宣传片的制作

网络游戏宣传片制作

教学目标

（1）专业能力：掌握剃刀工具，能根据设计需要对视频素材进行切割；掌握使用通用倒计时，为视频即将开始做倒计时准备。

（2）社会能力：能灵活运用所学的技巧进行案例作品制作。

（3）方法能力：资料搜集能力、案例作品分析能力。

学习目标

（1）知识目标：掌握剃刀工具切割视频方法和使用通用倒计时创建片头。

（2）技能目标：能通过课堂实训熟练掌握剃刀工具和通用倒计时的基本操作。

（3）素质目标：能通过学习任务做到举一反三，并能清晰表达自己设计的思路，具备一定的语言表达能力。

教学建议

1. 教师活动

（1）教师通过展示课前搜集的案例视频作品，让学生对视频剪辑和倒计时片头有一定的认识。

（2）运用教学课件等多种教学手段，讲授使用剃刀工具切割视频素材的学习要点。

（3）引导学生解析学习案例视频的制作技巧和过程，找到视频倒计时片头的灵感并应用到实战演练练习作品中。

2. 学生活动

（1）观看教师课堂实训示范的操作方法，进行课堂实战演练练习。

（2）进行课堂讨论加深知识点的理解，激发自主学习的能力。

一、学习问题导入

各位同学，大家好！在上一个项目学习中，同学们初步认识了 Premiere 这款软件。接下来我们一起来了解剃刀工具和通用倒计时片头的相关知识，学习如何使用剃刀工具来切割视频素材和创建通用倒计时片头，让同学们更好地把自己的设计灵感融入视频。那么我们怎么使用剃刀工具对视频文件进行切割以及如何创建通用倒计时片头呢？

二、学习任务讲解

1. 切割素材

在 Premiere 软件中，视频、音频以及其他素材可以在“时间线”面板以时间线的方式展现，在剪辑切割项目中，大部分操作依托“时间线”面板。把视频素材添加到“时间线”面板中的轨道后，需要对添加的素材进行分割才可以进行后期处理，使用工具栏的剃刀工具来完成操作。具体操作步骤如下。

步骤一：点击工具栏的剃刀工具。

步骤二：在“时间线”面板中，把鼠标移到需要切割的视频素材上单击左键，该视频素材即可被切割成两部分，如图 3-1 所示。

步骤三：如果要将多个视频素材在同一时间段进行分割，则移动鼠标到切割位置，在按住 Shift 键的同时显示多重刀片，当前切割编辑线上所有轨道的视频素材都在该位置被切割为两段，如图 3-2 所示。

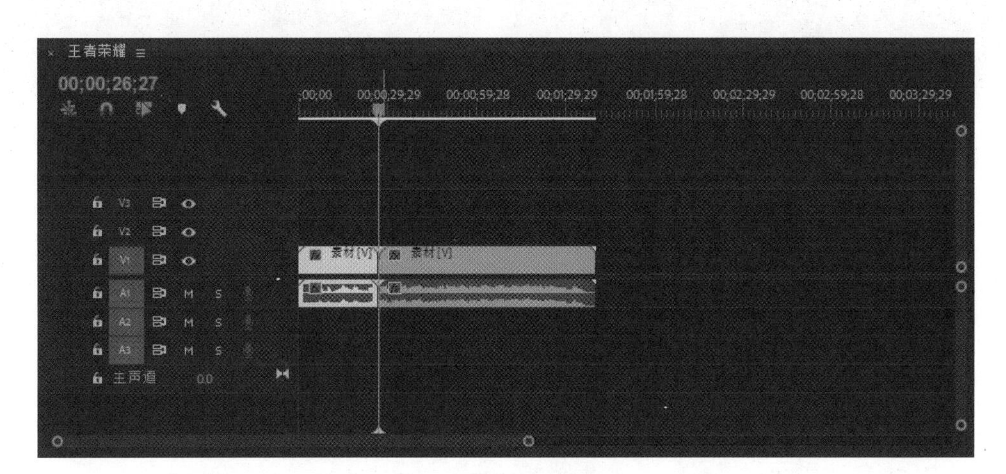

图 3-1 单个素材切割

图 3-2 多个素材切割

2. 通用倒计时片头制作

通用倒计时通常用在影片开始前的倒计时准备，用来提示观众影片即将开始播放。在 Premiere 软件中可以简便地创建一个标准的通用倒计时，并可对其进行修改。创建通用倒计时片头的具体操作步骤如下。

步骤一：单击“项目”面板底部的“新建分项”按钮，在弹出的菜单中选择“通用倒计时片头”命令。

步骤二：在弹出的“新建通用倒计时片头”对话框中完成视频设置和音频设置并单击“确定”按钮，如图 3-3 所示。

步骤三：在弹出的“通用倒计时设置”对话框中设置倒计时的颜色样式，并单击“确定”按钮，如图 3-4 所示。

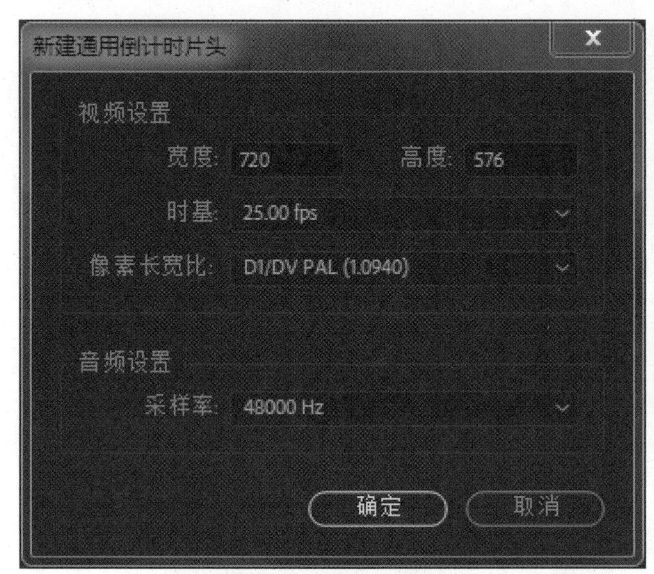

图 3-3 新建通用倒计时片头

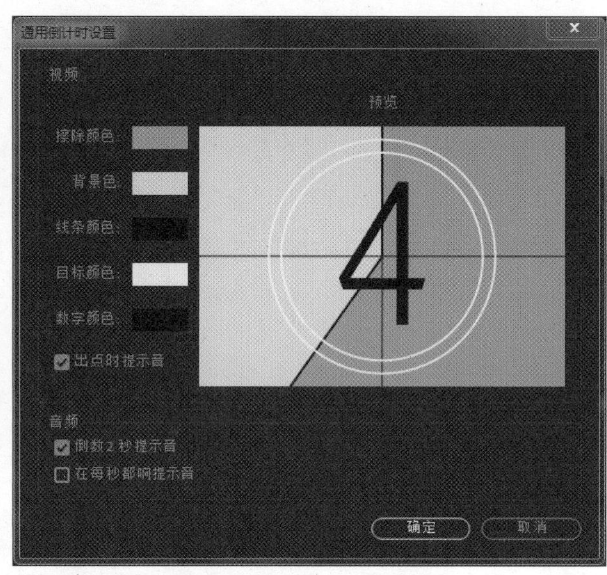

图 3-4 通用倒计时设置

擦除颜色：设定指示线围绕圆心转动擦除后留下的区域的颜色。

背景色：设定指示线尚未转过的区域的颜色。

线条颜色：设定固定十字及转动的指示线的颜色。

目标颜色：设定数字周围的双圆形的颜色。

数字颜色：设定倒计时数字的颜色。

3. 综合演练

使用“剃刀”工具切割视频素材文件，使用“通用倒计时片头”命令，编辑默认倒计时属性，完成网络游戏宣传片的制作。

步骤一：创建一个名为“游戏宣传片”的项目文件，设置项目保存的位置并修改文件名称为“游戏宣传片”。按 Ctrl+N 组合键，新建一个序列，在“序列预设”列表中展开“AVCHD”选项，选择“1080p”文件夹里面的“AVCHD 1080p25”选项，创建“1920X1080”序列，修改“序列名称”为“游戏宣传片”。

步骤二：按 Ctrl+I 组合键，弹出“导入”对话框，选择“素材 - 项目三 - 任务一 - 宣传片”文件夹中的“01”文件，将视频素材文件导入“项目”面板中。

步骤三：单击“文件”菜单中的“新建” - “通用倒计时片头”命令，弹出“新建通用倒计时片头”对话框，选择默认的参数，单击“确定”按钮。

步骤四：在弹出的“通用倒计时设置”对话框中单击“擦除颜色”，弹出“拾色器”对话框，设置颜色为 RGB（255，190，0），如图 3-5 所示，单击“确定”按钮。

步骤五：完成“擦除颜色”后继续完成其他颜色，操作方法相同。“背景色”设置颜色为 RGB（231，0，71）；“线条颜色”设置颜色为 RGB（0，234，255）；“目标颜色”设置颜色为 RGB（0，23，195）；“数字颜色”设置颜色为 RGB（255，255，255），完成颜色设置后，如图 3-6 所示，单击“确定”按钮，通用倒计时片头制作完成。

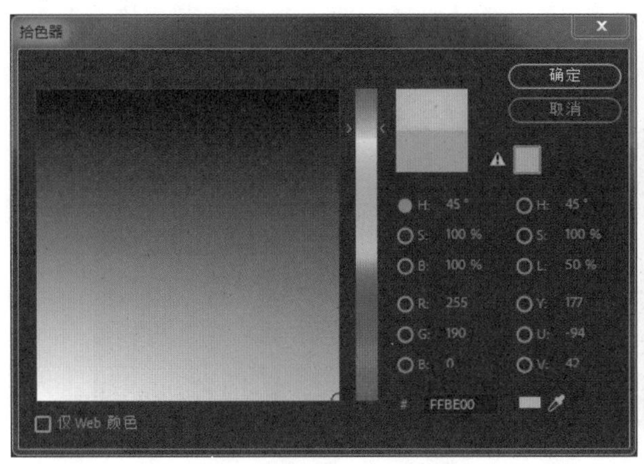

图 3-5 擦除颜色设置

图 3-6 其他颜色设置

步骤六：在“项目”面板中选中“通用倒计时片头”，将其拖拽到“时间线”面板中的“视频 1”轨道中，如图 3-7 所示。

步骤七：在“视频 1”轨道中选择“通用倒计时片头”，右键单击“素材”菜单中的“取消链接”命令，删除“视频 1”轨道上的音频文件，如图 3-8 所示。

图 3-7 拖拽“通用倒计时片头”到“视频 1”轨道

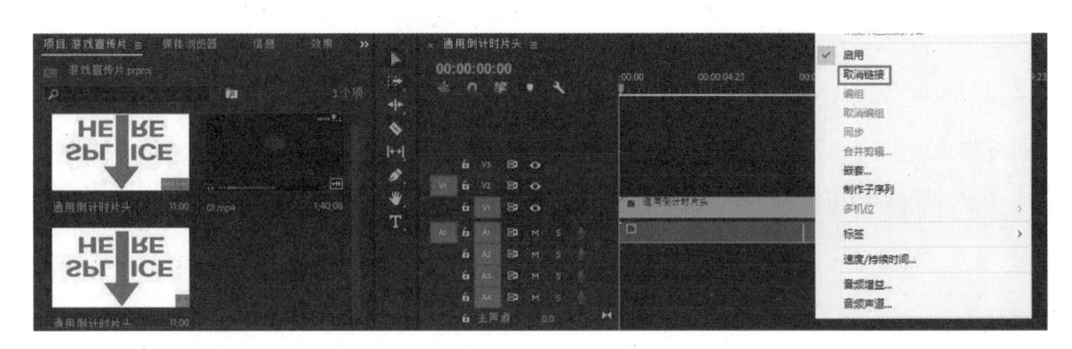

图 3-8 取消素材链接

步骤八：将时间标签移动到 00:00:11:00 的位置，在“项目”面板中选中“01”文件将其拖拽到“时间线”面板中时间标签所在位置上的“视频 2”轨道中，如图 3-9 所示。

步骤九：将时间标签移动到 00:01:08:00 的位置，选择“剃刀”工具，将鼠标移到时间标签所在的位置上单击，将视频素材分割为两段，如图 3-10 所示。

步骤十：选择“选择”工具，选择要删除的视频素材，按 Delete 键将其删除，如图 3-11 所示。将时间标签移动到 00:00:11:00 的位置，把留下的视频素材向左拖曳到时间标签所在位置上。

步骤十一：单击“文件”菜单中的“导出”-“媒体”命令，弹出“导出设置”对话框，设置格式为“H.264”，选择“输出名称”修改为“游戏宣传片”，保存路径，导出视频。

图 3-9 拖拽素材到“视频 2”轨道

图 3-10 选择“剃刀”工具分割素材

图 3-11 删除视频素材

三、学习任务小结

通过本次课的学习，同学们了解了使用剃刀工具分割素材的方法。通过实战演练，同学们已经初步掌握运用剃刀工具对视频素材进行切割剪辑制作，并使用“通用倒计时片头”命令，编辑默认倒计时属性。课后还需要同学们反复练习，灵活运用所学的知识和技巧进行作品制作，通过练习做到熟能生巧，并巩固操作技能。

四、课后作业

每位同学在网上或现实生活中搜集一些影片素材，运用课堂所学的知识和技巧进行素材剪辑和创建通用倒计时片头。

电视剧宣传片制作

教学目标

（1）专业能力：掌握视频素材切换特技设置的方法。

（2）社会能力：能灵活运用所学的技巧知识进行案例作品制作。

（3）方法能力：资料搜集能力、案例作品分析能力。

学习目标

（1）知识目标：掌握常用视频过渡效果的相关知识。

（2）技能目标：能通过对视频素材进行添加和编辑视频过渡效果满足作品的需要。

（3）素质目标：能通过学习任务做到举一反三，并能清晰表达自己设计的思路，具备创新思维及解决实际问题的能力。

教学建议

1. 教师活动

（1）教师通过展示课前搜集准备的案例视频作品，让学生对视频过渡效果制作有一定的认识。

（2）运用教学课件等多种教学手段，讲授添加和编辑视频过渡效果的学习要点。

（3）引导学生解析学习案例视频的制作技巧和过程，从中发掘不同的转场过渡，并应用到实战演练练习作品中。

2. 学生活动

（1）观看教师课堂实训示范的操作方法，进行课堂实战演练。

（2）进行课堂讨论加深对知识点的理解，激发自主学习的能力。

一、学习问题导入

各位同学，大家好！本次课我们一起来了解常用视频过渡效果的相关知识。转场效果在效果面板中的“视频过渡”文件夹中，同学们可以根据需要调用。将不同的转场过渡应用于视频素材，可以让作品画面具有较为柔和的过渡，使画面更加富于变化。那么我们怎么利用视频过渡效果实现作品镜头的切换，从而优化视频编辑呢？

二、学习任务讲解

1. 内滑类过渡效果

内滑类视频过渡效果主要通过画面的平移来完成转场切换效果。在“内滑”文件夹中共包含 5 种视频切换效果。

中心拆分：应用“中心拆分”过渡效果后，将素材片段 A 分为四个部分从中心向四个角分裂滑出，效果如图 3-12 所示。

内滑：应用“内滑”过渡效果后，素材片段 B 从屏幕一侧滑入并覆盖素材片段 A，效果如图 3-13 所示。

图 3-12 中心拆分

图 3-13 内滑

带状内滑：应用“带状内滑”过渡效果后，使素材片段 B 以矩形条状左右交叉的形式滑入并逐渐覆盖素材片段 A，效果如图 3-14 所示。

拆分：应用“拆分”过渡效果后，将素材片段 A 的画面分为左、右两部分，从中间位置像自动门一样向两侧打开，显示出素材片段 B，效果如图 3-15 所示。

推：应用“推”过渡效果后，素材片段 B 从屏幕一侧进入并将素材片段 A 推出画面，效果如图 3-16 所示。

图 3-14 带状内滑

图 3-15 拆分

图 3-16 推

2. 溶解类过渡效果

溶解类视频过渡效果主要以淡入淡出的方式完成转场过渡，使前面的素材柔和地过渡到后面的素材。“溶解”文件夹共包含 7 种视频切换效果。

MorphCut：应用“MorphCut”过渡效果后，后台对前后两个素材片段进行分析，然后自动生成过渡画面，常用于解决视频的跳帧现象。效果如图 3-17 所示。

交叉溶解：应用“交叉溶解”过渡效果后，素材片段 A 逐渐透明淡化为素材片段 B，效果如图 3-18 所示。

叠加溶解：应用“叠加溶解”过渡效果后，素材片段 A 和 B 的画面在淡入淡出的同时，会附加一种过渡曝光的效果。效果如图 3-19 所示。

图 3-17 MorphCut

图 3-18 交叉溶解

图 3-19 叠加溶解

白场过渡：应用“白场过渡”效果后，素材片段A以变亮变白的方式淡化为素材片段B，效果如图3-20所示。

图 3-20 白场过渡

胶片溶解：应用“胶片溶解”过渡效果后，素材片段 A 以胶片的形式逐渐透明淡化隐于素材片段 B，效果如图 3-21 所示。

非叠加溶解：应用“非叠加溶解”过渡效果后，素材片段 B 的明亮度会映射在素材片段 A 画面中，交替部分以不规则形状呈现出来。效果如图 3-22 所示。

黑场过渡：应用“黑场过渡”过渡效果后，素材片段 A 以变暗变黑的方式淡化为素材片段 B，效果如图 3-23 所示。

图 3-21 胶片溶解

图 3-22 非叠加溶解

图 3-23 黑场过渡

3. 综合演练

使用“交叉溶解”特效、“带状内滑”特效、“胶片溶解”特效制作电视剧宣传片的转场效果，其步骤如下。

步骤一：创建一个名为“电视剧宣传片”的项目文件，设置项目保存的位置并修改文件名称为“电视剧宣传片”。按 Ctrl+N 组合键，新建一个序列，在“序列预设”列表中展开“AVCHD”选项，选择“1080p”

文件夹里面的“AVCHD 1080p25”选项，创建“1920X1080”序列，修改“序列名称”为“电视剧宣传片”。

步骤二：按 Ctrl+I 组合键，弹出“导入”对话框，选择“素材 - 项目三 - 任务二 - 宣传片”文件夹中的“01、02、03 和 04”文件，将视频素材文件导入“项目”面板中。

步骤三：根据播放的先后顺序，按 Ctrl 键的同时，在“项目”面板中选中“01、02、03 和 04”文件将其拖拽到“时间线”面板中的“视频 1”轨道中，如图 3-24 所示。

步骤四：点击“效果”面板，找到“视频过渡”-“溶解”-“交叉溶解”命令，拖动到“时间线”面板中的“01”文件的结尾处与“02”文件的开始位置，如图 3-25 所示。

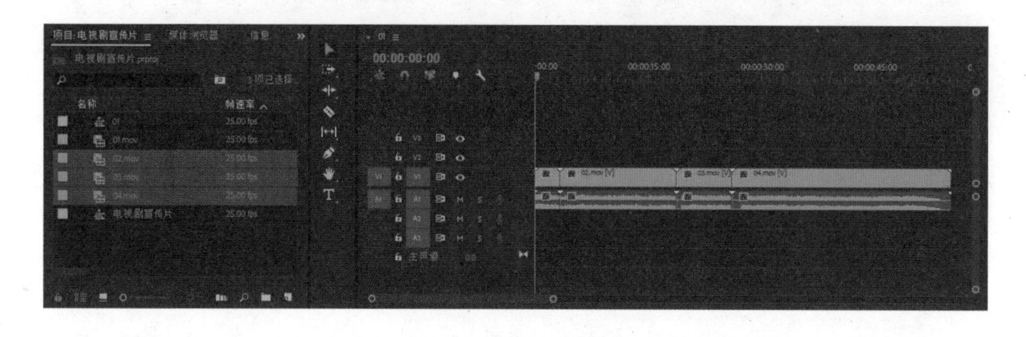

图 3-24 拖拽素材到“视频 1”轨道

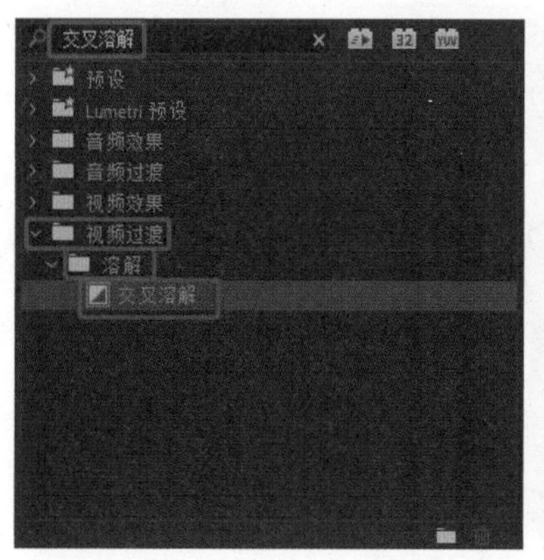

图 3-25 添加“交叉溶解”效果

步骤五：点击“效果”面板，找到“视频过渡”-“内滑”-“带状内滑”命令，拖动到“时间线”面板中的“02”文件的结尾处与“03”文件的开始位置，如图 3-26 所示。

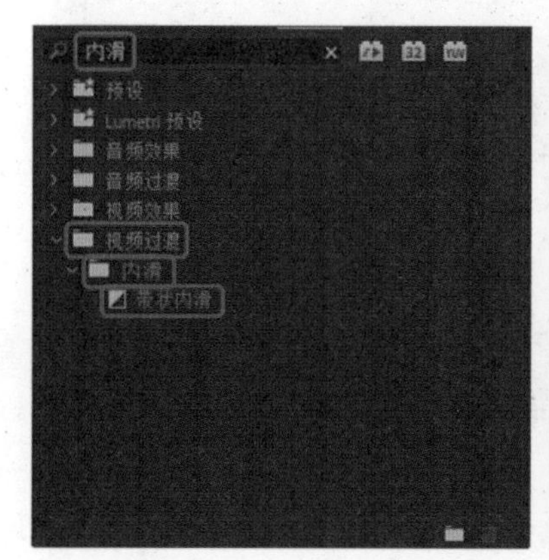

图 3-26 添加“带状内滑”效果

步骤六：点击“效果”面板，找到“视频过渡”-“溶解”-“胶片溶解”命令，拖动到“时间线”面板中的“03”文件的结尾处与“04”文件的开始位置，如图 3-27 所示。

步骤七：单击“文件”菜单中的“导出”-“媒体”命令，弹出“导出设置”对话框，设置格式为“H.264”，选择“输出名称”修改为“电视剧宣传片”，保存路径，导出视频。

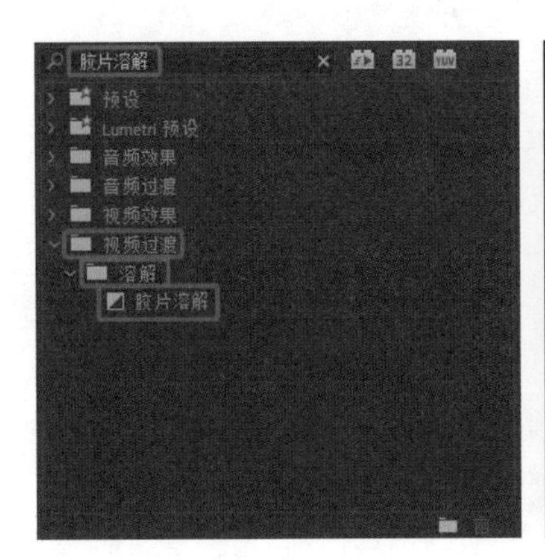

图 3-27 添加“胶片溶解”效果

三、学习任务小结

通过本次课的学习，同学们通过视频过渡效果相关知识的解析更深入地学习了该软件的功能和制作的特色。通过实战演练，同学们基本巩固该软件的功能和常用视频过渡效果的应用技巧。课后，还需要同学们进行反复练习，消化所学的知识，灵活运用所学的技巧知识进行作品制作，通过练习提高视频转场效果的实际应用能力。

四、课后作业

每位同学在网上或现实生活中搜集一些影片素材，运用课堂所学的技巧知识在需要的镜头进行过渡，使剪辑的素材画面更有节奏感。

电影宣传片制作

教学目标

（1）专业能力：掌握文字与图形搭配结合应用的知识及技巧。

（2）社会能力：能灵活运用变换、新版文字工具和颜色遮罩命令进行作品制作。

（3）方法能力：信息和资料的搜集能力、案例分析能力。

学习目标

（1）知识目标：掌握变换、新版文字工具和颜色遮罩的方法和技巧。

（2）技能目标：能运用变换、新版文字工具和颜色遮罩命令进行作品制作。

（3）素质目标：能够清晰表达自己设计的过程和思路，具备较好的语言表达能力。

教学建议

1. 教师活动

（1）教师展示课前收集的设计作品 prproj 源文件，带领学生分析源文件中图层应用的效果及图层之间的关系。

（2）教师示范变换、新版文字工具和颜色遮罩命令的操作方法。

（3）引导学生分析其制作方法及过程，并应用到练习作品中。

2. 学生活动

（1）观看教师示范变换、新版文字工具和颜色遮罩的使用，并进行课堂练习。

（2）结合所学工具和命令，进行课堂讨论，积极参与学习，激发自主学习的能力。

一、学习问题导入

各位同学，大家好！本次课我们一起来学习文字与图形搭配结合的应用。文字与图形搭配结合的应用包括变换、新版文字工具和颜色遮罩。其具体的运用方法和相关命令在本次课将结合实际案例进行讲解和示范。

二、学习任务讲解

1. 变换

“变换”可对图像的位置、大小、角度及不透明度进行调整。选择“效果”面板中的“视频效果”“扭曲”“变换”，如图 3-28 所示。“变换”的参数面板如图 3-29 所示。

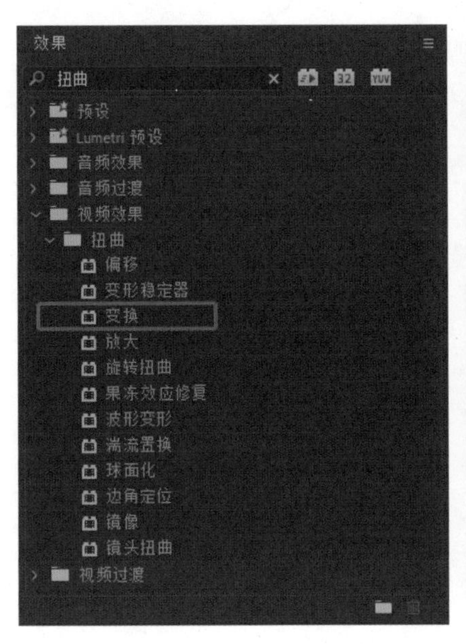

图 3-28 “变换”

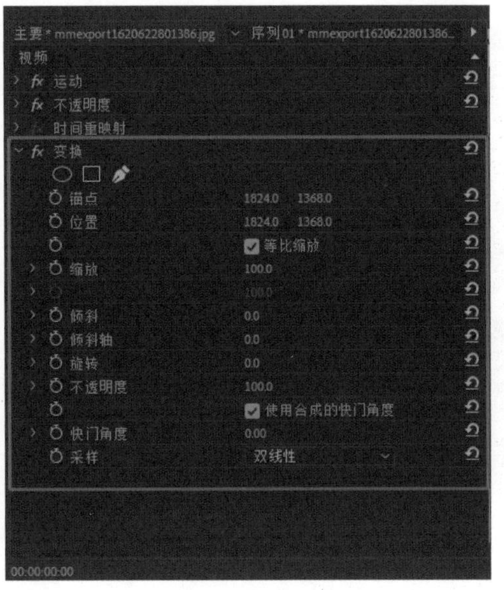

图 3-29 “变换”参数面板

锚点：根据参数可调整画面中心点的位置。

位置：设置图像位置的坐标。

等比缩放：勾选该选项，图像会以序列比例进行等比缩放。

缩放高度：设置画面的高度缩放情况。

缩放宽度：设置画面的宽度缩放情况。

倾斜：设置图像的倾斜角度。

倾斜轴：设置素材倾斜的方向。

旋转：设置素材旋转的角度。

不透明度：设置素材在画面中的不透明度。

使用合成的快门角度：勾选该选项，在运动着的画面中可使用混合图像的快门角度。

快门角度：设置运动模糊时拍摄画面的快门角度。

2. 使用新版字幕创建文字

（1）文字工具。

在“工具组”中选择文字工具 或使用快捷键 Ctrl+T，如图 3-30 所示。将光标定位在“节目”监视器中，单击鼠标左键插入光标，此时即可进行字幕的创建。

图 3-30 文字工具

（2）使用“基本图形”—“编辑”—“新建图层”方式创建文本。

在“基本图形”面板中，点选“编辑”—“新建图层”—“文本”或“直排文本”，并在“节目”监视器中输入文字即可进行字幕的创建，如图 3-31 所示。“文本”的参数面板如图 3-32 所示。

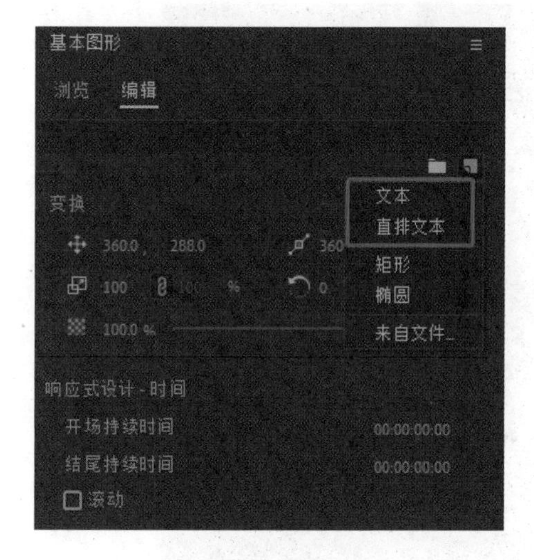

图 3-31 创建文本 1

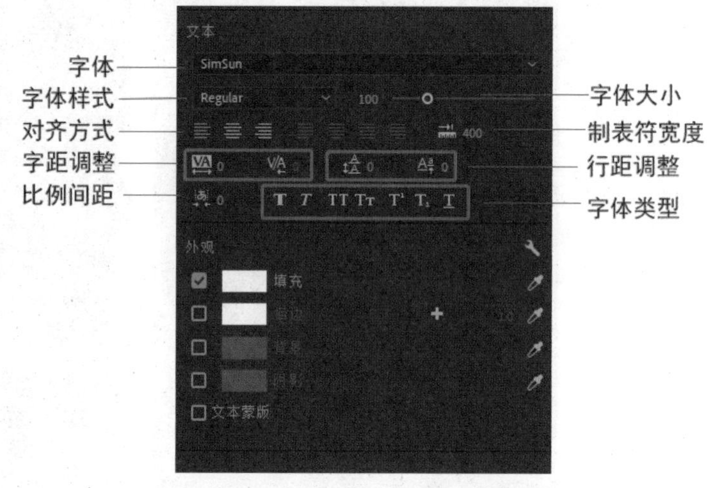

图 3-32“文本”参数面板

字体：在“字体”下拉菜单中可以选择所需应用的字体类型，在选择某一种字体后，当前所选文字即应用该字体。

字体样式：在设置“字体系列”后，有些字体还可以对其样式进行选择。在“字体样式”下拉菜单中可以选择所需应用的字体样式，在选择某一种字体后，当前所选文字即应用该样式。

字体大小：可以在“字体大小”下拉菜单中选择预设的字体大小，也可在数值处按住鼠标左键并左右拖拽或在数值处单击直接输入数值。

行距：用于段落文字，设置行距数值可调节行与行之间的距离。

字偶间距：设置光标左右字符的间距。

字符间距：设置所选字符的字符间距。

基线偏移：可上下平移所选字符。

所选字符比例间距：设置所选字符之间的比例间距。

字体类型：设置字体类型，包括“仿粗体” 、“方斜体” 、“全部大写字母” 、“小型大写字母” 、“上标” 、“下标” 、“下划线” 。

填充：勾选此选项，在“文本”面板中单击“填充”色块，在弹出的“拾色器”面板中设置合适的文字颜色，也可以使用“吸管工具” 直接吸取所需颜色。

描边：勾选此选项，在“文本”面板中双击“描边”色块，在弹出的“拾色器”面板中设置合适的文字描边颜色，也可以使用“吸管工具”直接吸取所需颜色。“宽度”可设置描边的宽度。

背景：勾选此选项，为文字添加背景颜色，包含“不透明度”和“大小”。

阴影：勾选此选项，为背景添加阴影效果，包含“不透明度”“角度”“距离”“大小”和“模糊”。

文本蒙版：勾选此选项，使文本成为蒙版，包含“反转”。

3. 电影宣传片头制作步骤

步骤一：选择菜单栏中的“文件”—“新建”—“项目”命令，弹出“新建项目”窗口，设置“名称”，并单击“浏览”按钮设置保存路径，如图 3-33 所示。

步骤二：使用“文件”—“导入”或快捷键 Ctrl+I，或在“项目”窗口中空白处双击鼠标左键，在弹出的“导入”窗口中选择所有图片素材，点击“打开”按钮，导入所有素材图片，如图 3-34 所示。

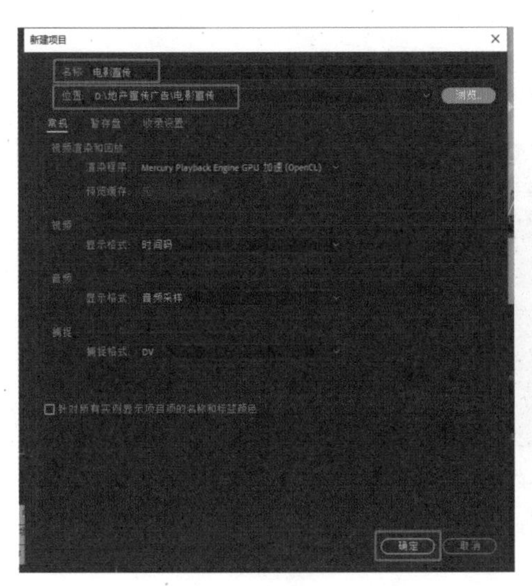

图 3-33 新建菜单

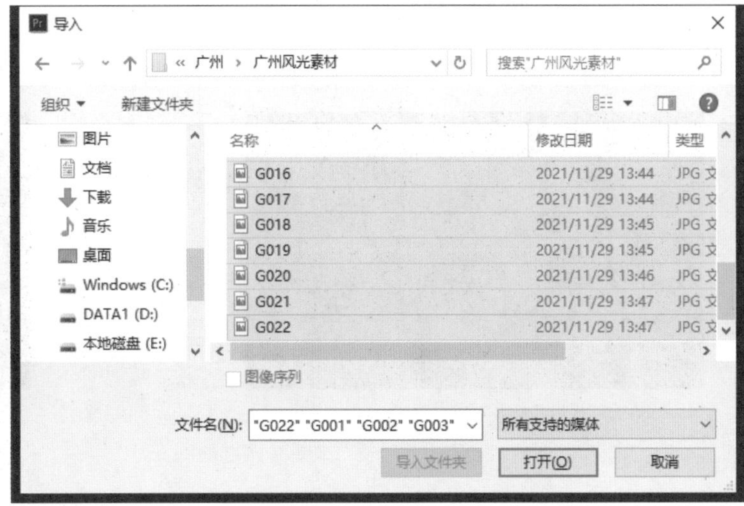

图 3-34 导入素材

步骤三：使用快捷键 Ctrl+N 创建新序列：“序列 01”，在弹出“新建序列”设置面板中选择“可选预设”—“AVCHD”—“1080p”—“AVCHD 1080p25”，点击“确定”按钮，如图 3-35 所示。

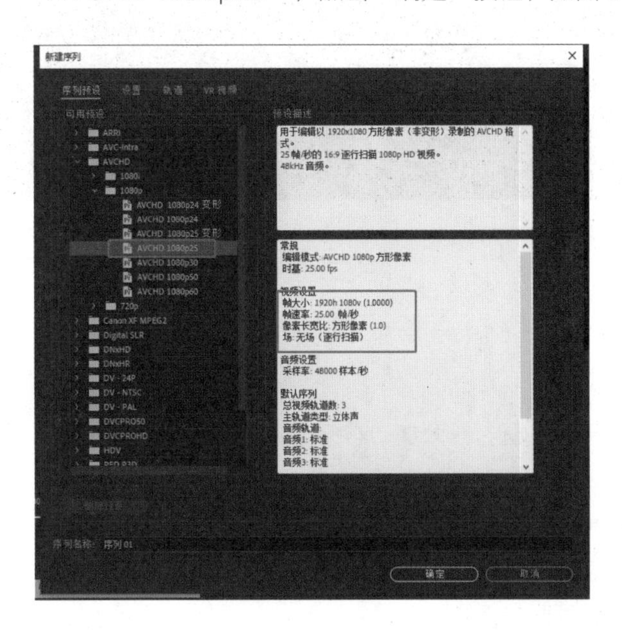

图 3-35 创建序列

步骤四：在“项目”窗口中全选图片素材，并按住鼠标左键将其拖拽到“V1”轨道上，如图 3-36 所示。

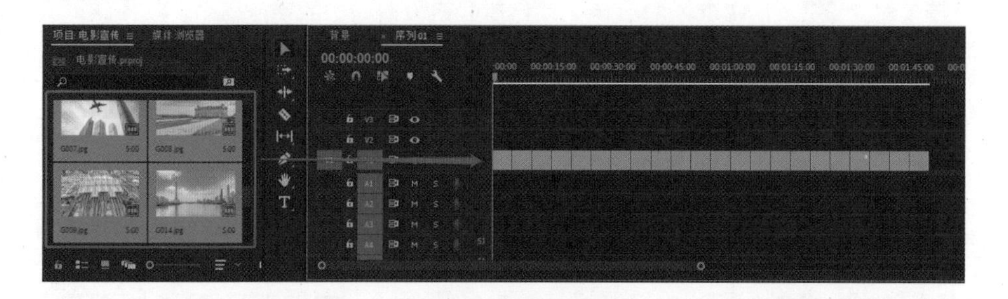

图 3-36 拖拽素材

步骤五：在“序列 01”的“V1”轨道中，全选所有图片素材，右键单击鼠标选择“速度 / 持续时间”，如图 3-37 所示，在弹出的“速度 / 持续时间”设置窗口中，选择“持续时间”为 00:00:00:10，勾选“波纹编辑，移动尾部剪辑”，如图 3-38 所示。

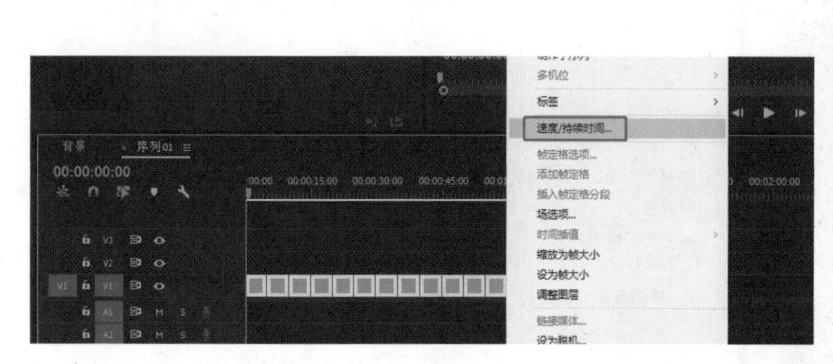

图 3-37 选择“速度 / 持续时间”

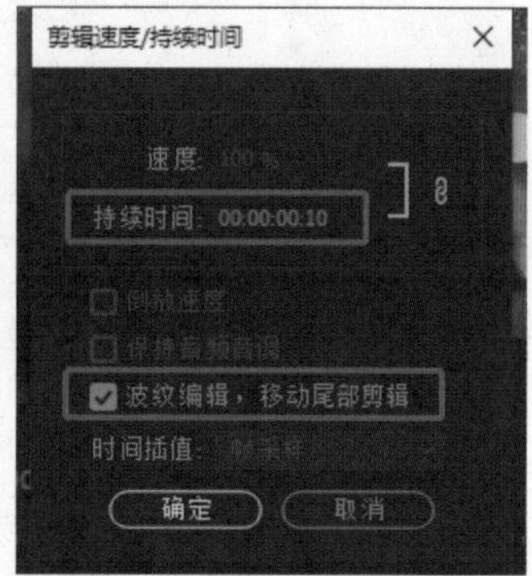

图 3-38 勾选“波纹编辑，移动尾部剪辑”

步骤六：放大时间线显示，全选所有照片，按住 Alt 键复制一份照片，放在“V1”轨道后部备用，如图 3-39 所示。

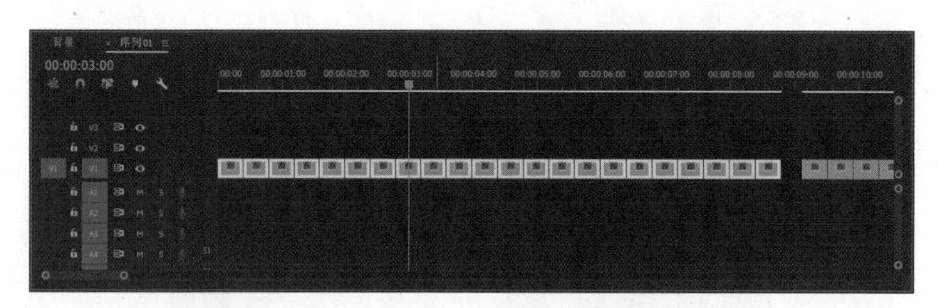

图 3-39 放大时间线显示

步骤七：在“效果”面板中搜索“变换”效果，并按住鼠标左键将其拖拽到“V1”轨道上的第一张照片素材文件上，如图 3-40 所示。

步骤八：制作照片至上往下落动画，并添加动态模糊效果。将时间线拖动到起始位置，选择“V1”轨道上的第一张照片，展开“变换”属性，设置“位置”为“（960.0，-158.0）”，并点击“位置”前的“切换动画”按钮，记录第一个关键帧。将时间线滑动到 0 秒 9 帧位置处，点选“位置”右侧的“重置效果”按钮，此时照片素材会恢复成原始数值，并记录第二个关键帧。取消勾选“使用合成的快门角度”，设置“快门角度”为 180，如图 3-41 所示。此时画面效果如图 3-42 所示。

图 3-40 变换效果

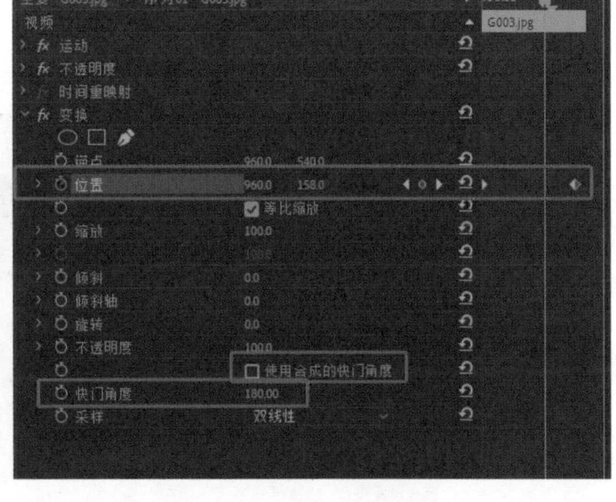

图 3-41 “使用合成的快门角度”

图 3-42 画面效果展示

步骤九：选择“V1”轨道上第一张照片素材，单击鼠标右键选择“复制”，然后在“V1”轨道上选择其他全部照片，单击鼠标右键选择“粘贴属性”，在弹出的“粘贴属性”窗口中，将第一张图片所设置的属性都勾选上，然后点击“确定”按钮，如图 3-43 所示。

步骤十：制作图片翻页效果。全选“V1”制作好下落效果的全部照片素材，拖拽至“V2”轨道。然后全选“V1”轨道后端的备份用的照片，拖拽到时间线前段，对齐“V2”轨道的第二张照片起始位置，如图 3-44 所示。

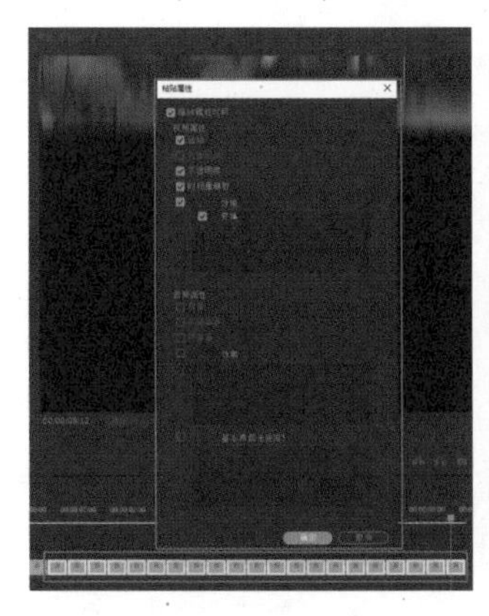

图 3-43 选择属性

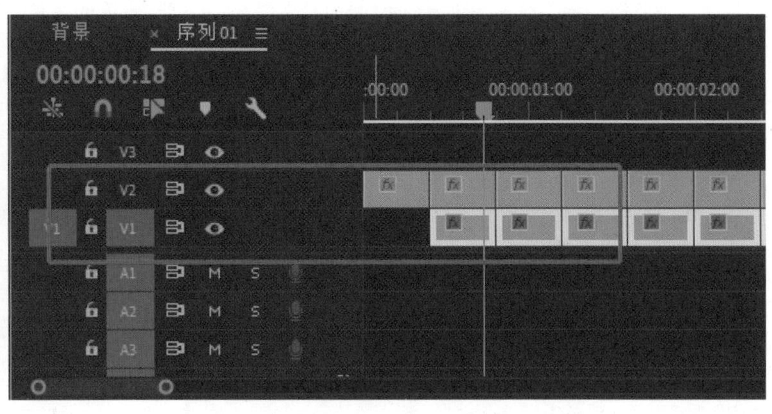

图 3-44 制作图片翻页效果

步骤十一：点击“基本图形”—“编辑”—“新建图层”按钮，新建一个“矩形”，在“节目”面板中拖拽矩形的顶点至屏幕大小，并设置一个颜色，如图 3-45 所示。

图 3-45 制作基本图形

步骤十二：再次选择“新建图层”按钮，新建一个“文本”，输入文字，调整字体样式、文字大小，并将文字调整到画面正中，在“外观”属性中勾选“文本蒙版”，勾选“反转”，如图 3-46 所示，此时文本形成了蒙版效果，如图 3-47 所示。

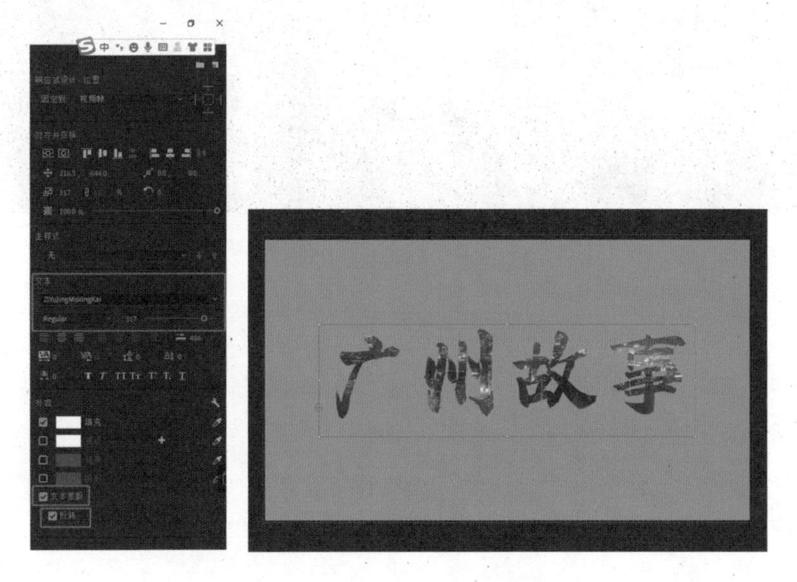

图 3-46 勾选“反转”　　图 3-47 蒙版效果

步骤十三：再次选择“新建图层”按钮，新建一个“矩形”，拖动四个顶点，调整矩形大小，并调整在文字外，在“外观”属性中勾选“描边”并设置大小，勾选“文本蒙版”，勾选“反转”，如图 3-48 所示，此时文本形成了蒙版效果，如图 3-49 所示 。

步骤十四：制作文字缩放动画。在时间轴中拖动文字图层至合适的第五张图片位置，时间线滑动至文字起始处，展开“矢量运动”属性，设置“缩放”为 800.0，点击“缩放”前的“切换动画”按钮，记录第一个关键帧。滑动时间线到 06 帧，点选“缩放”右侧的“重置效果”按钮，此时数值恢复成 100.0，并记录第二个关键帧，如图 3-50 所示。

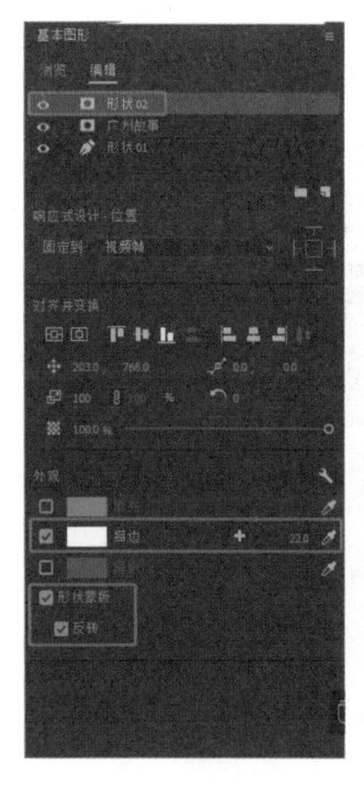

图 3-48 二次反转

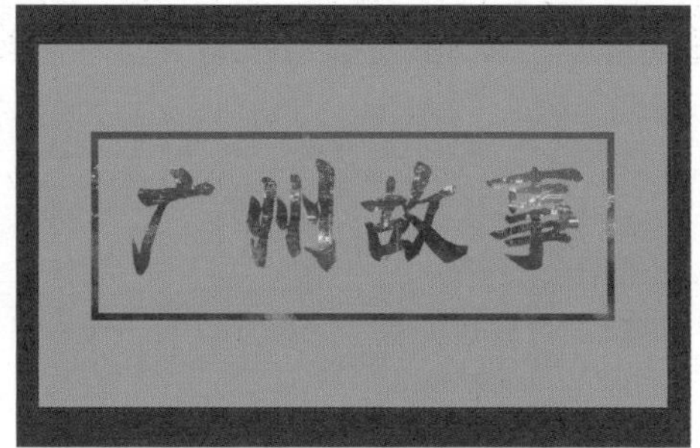

图 3-49 二次蒙版效果

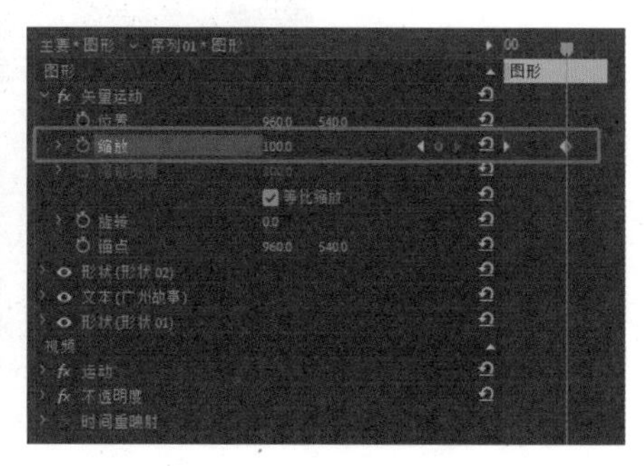

图 3-50 制作文字缩放动画

步骤十五：让文字动画更自然。拖动时间滑线至文字图层起始位置，设置“不透明度”为 0.0%，滑动时间线至 2 秒 10 帧处，设置“不透明度”为 100.0%，如图 3-51 所示。

步骤十六：把文字层往上拖动至“V4”轨道，在“项目”窗口中点击鼠标右键选择“新建项目”—“颜色遮罩”，新建一个白色的颜色遮罩，并拖拽至“V3”轨道中，如图 3-52 所示。

步骤十七：调整“V3”轨道中的颜色遮罩图层入点到合适的位置，拖动时间滑线至颜色遮罩图层起始位置，设置“不透明度”为 0.0%，滑动时间线至结束处，设置“不透明度”为 100.0%，如图 3-53 所示。

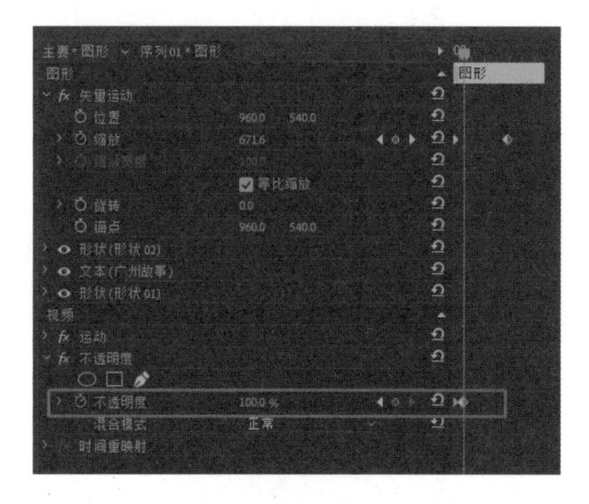

图 3-51 优化文字动画

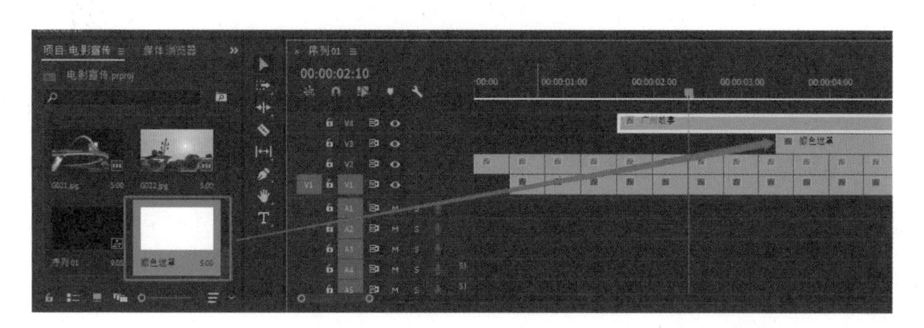

图 3-52 新建白色的颜色遮罩

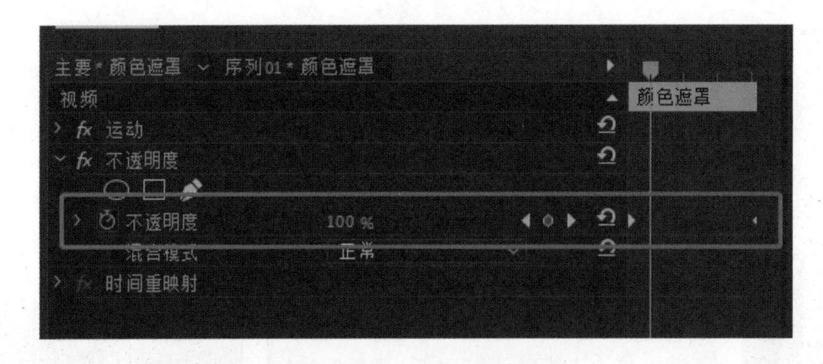

图 3-53 设置不透明度

三、学习任务小结

本次课中，同学们学习了不同样式蒙版的应用和文字编辑的方法和步骤。通过案例制作练习，同学们已经初步掌握了变换、新版文字工具和颜色遮罩的使用技巧。在后期制作、影视特效和图像处理中，变换、新版文字工具和颜色遮罩的应用是常用的基础命令，后期还需要同学们多加练习，通过练习巩固操作技能。

四、课后作业

（1）每位同学分别使用图形变换工具、新版文字工具和颜色遮罩工具。

（2）制作一段以城市风光为主题的电影宣传片头动画。

企业宣传片制作

教学目标

（1）专业能力：掌握文字与图形搭配结合应用知识及技巧。

（2）社会能力：能灵活运用颜色遮罩、块溶解、球面化和椭圆形门板命令进行作品制作。

（3）方法能力：信息和资料的搜集能力、案例分析能力。

学习目标

（1）知识目标：掌握颜色遮罩、块溶解、制作凹凸感文字动画的方法和技巧。

（2）技能目标：能运用颜色遮罩、块溶解、球面化、不透明度和椭圆形蒙版命令进行作品制作。

（3）素质目标：能够清晰表达自己设计的过程和思路，具备较好的语言表达能力。

教学建议

1. 教师活动

（1）教师展示课前收集的设计作品 prproj 源文件，带领学生分析源文件中图层应用的效果及图层之间的关系。

（2）教师示范颜色遮罩、块溶解、球面化、不透明度和椭圆形蒙版命令的操作方法。

2. 学生活动

（1）看教师示范颜色遮罩、块溶解、制作凹凸感文字动画，并进行课堂练习。

（2）进行企业宣传片制作方法课堂讨论，积极参与学习中，激发自主学习的能力。

一、学习问题导入

各位同学，大家好！本次课我们一起来学习文字与图形搭配结合的应用。文字与图形搭配结合的应用包括颜色遮罩、块溶解、球面化、不透明度和椭圆形蒙版。接下来，我们就一起来学习相关命令。

二、学习任务讲解

1. 球面化

“球面化”可使素材产生类似放大镜的球形效果。选择“效果”面板中的“视频效果”—“扭曲”—“球面化”，如图 3-54 所示。“球面化”的参数面板如图 3-55 所示。

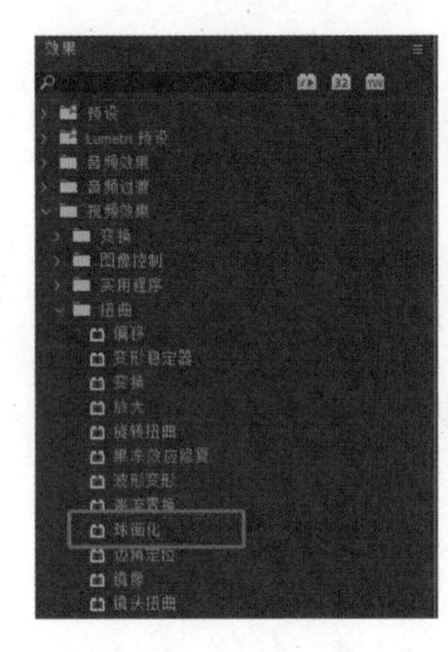

图 3-54 “球面化”

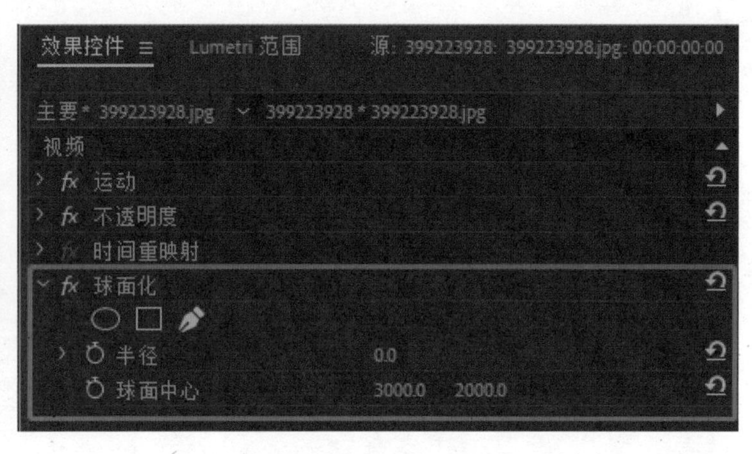

图 3-55 “球面化”参数面板

半径：设置球面在画面中的大小。

球面中心：设置球面的水平位移情况。

2. 块溶解

“块溶解”可以将素材制作出逐渐显现或隐去的溶解效果。选择“效果”面板中的“视频效果”—“过渡”—“块溶解”，如图 3-56 所示。“块溶解”的参数面板如图 3-57 所示。

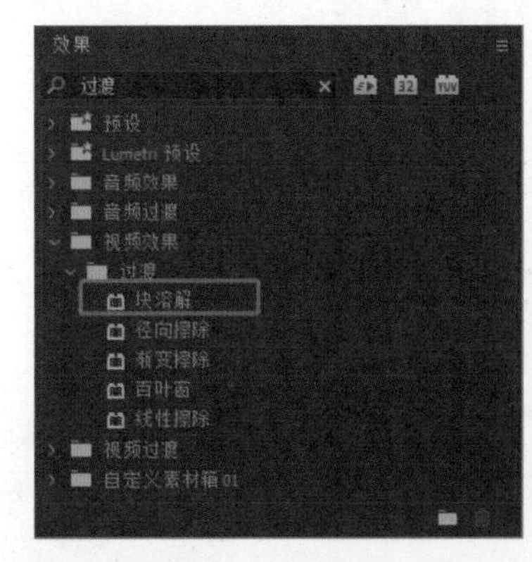

图 3-56 “块溶解”

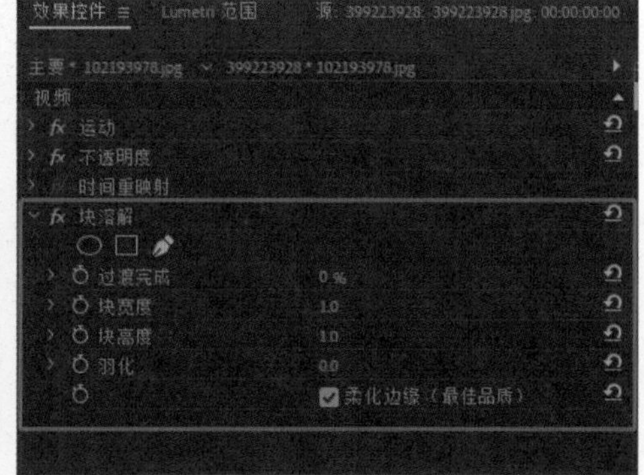

图 3-57 “块溶解”参数面板

过渡完成：设置素材的溶解程度。

块宽度：在溶解过程中的单位块像素的宽度。

块高度：在溶解过程中的单位块像素的高度。

羽化：设置单位块像素的边缘羽化程度。

柔化边缘（最佳品质）：勾选该选项，可柔化单位块像素的边缘，使画面呈现出更加柔和的效果。

3. 地产宣传广告案例讲解

步骤一：选择菜单栏中的“文件”—“新建”—“项目”命令，弹出“新建项目”窗口，设置“名称”，并单击“浏览”按钮设置保存路径，如图 3-58 所示。

步骤二：在“项目”面板中空白处双击鼠标左键，导入所需要的“背景 .jpg”素材文件，最后单击“打开”按钮导入，如图 3-59 所示。

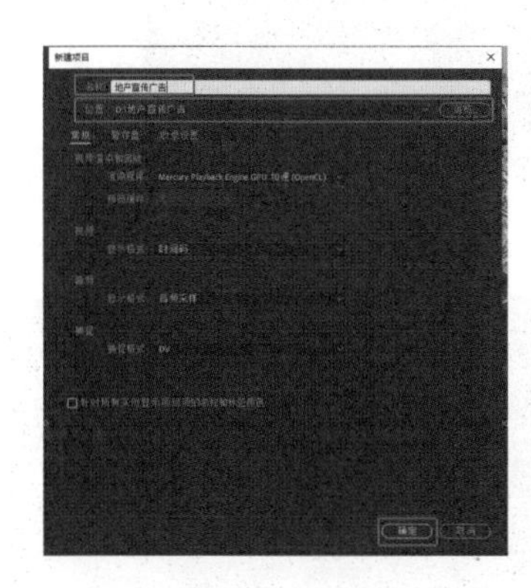

图 3-58 新建项目

图 3-59 导入背景

步骤三：选择“项目”面板中的“背景 .jpg”素材文件，并按住鼠标左键将其拖拽到“V1”轨道上，如图 3-60 所示。

步骤四：选择“V1”轨道上的“背景 .jpg”素材文件，在“效果”面板中展开“不透明度”属性，将时间线滑动到起始帧位置，设置“不透明度”为 0%，并激活“不透明度”前面的按钮，确认已开启自动关键帧。将时间线滑动到 1 秒 5 帧位置，设置“不透明度”为 100%，如图 3-61 所示。

步骤五：选择“V1” 轨道上的“背景 .jpg”素材文件，在“效果”面板中搜索“色彩”效果，并按住鼠标左键将其拖拽到“V1”轨道上的“背景 .jpg”素材文件上，如图 3-62 所示。

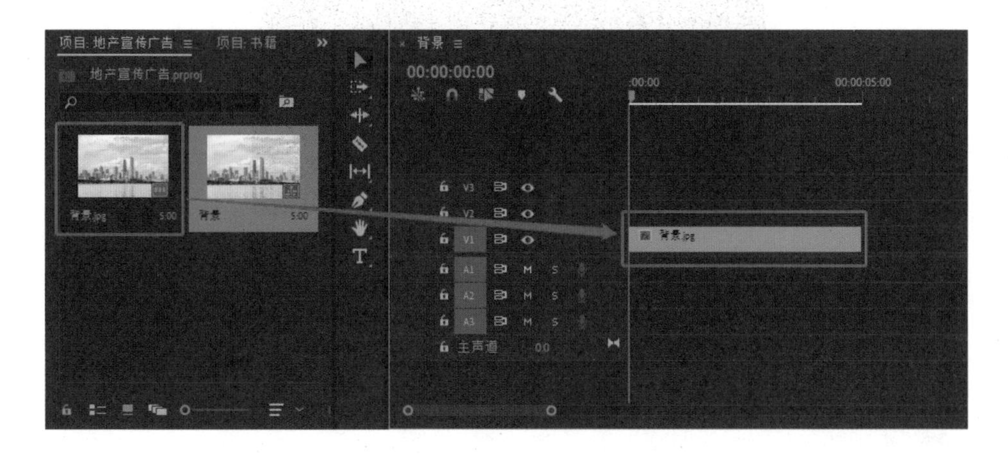

图 3-60 拖拽背景素材

步骤六：在“效果控件”面板上展开“色彩”效果，并设置“将白色映射到”为浅橘色，如图 3-63 所示。

步骤七：在“项目”面板空白处右击执行“新建项目”—“黑场视频”命令，此时会弹出“新建黑场视频”窗口，单击“确定”按钮，如图 3-64 所示。

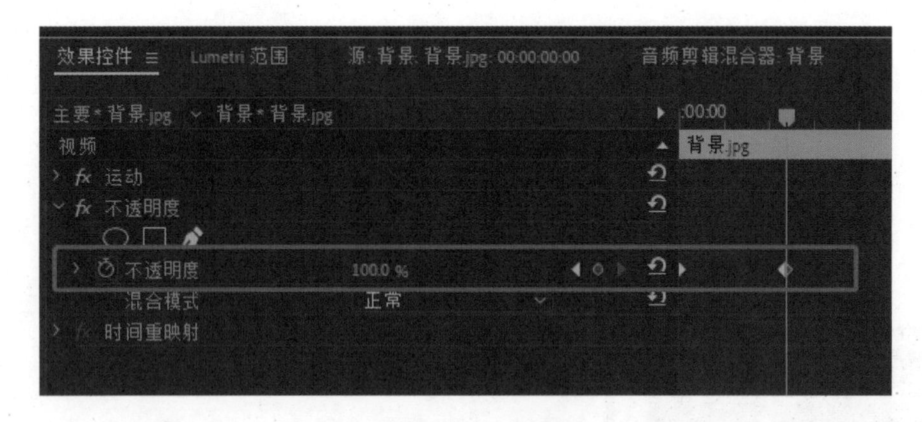

图 3-61 设置不透明度

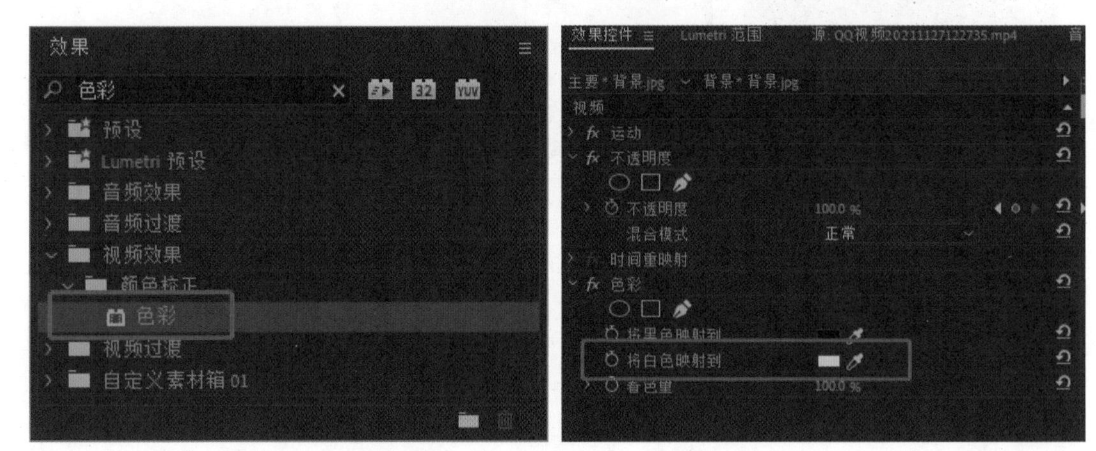

图 3-62 “色彩”效果

图 3-63 “色彩”参数面板

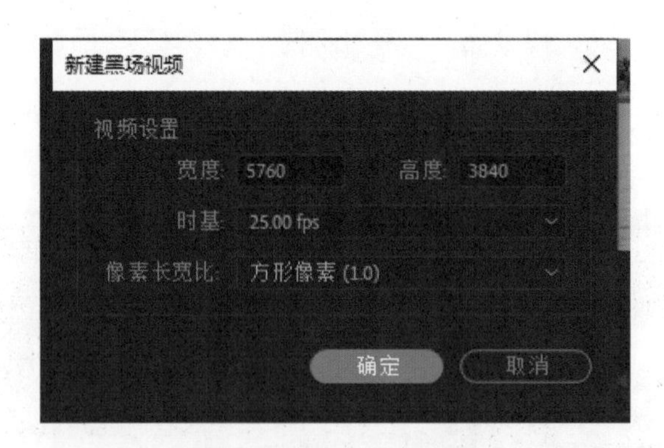

图 3-64 新建黑场视频

步骤八：选择“项目”面板中的“黑场视频”素材文件，并按住鼠标左键将其拖拽到“V2”轨道上，在“时间轴”面板中设置“黑场视频”的起始时间为第 12 帧位置，如图 3-65 所示。

步骤九：选择“V2”轨道上的“黑场视频”文件，在“效果”面板中搜索“圆形”效果，如图 3-66 所示，并按住鼠标左键将其拖拽到“黑场视频”素材文件上。

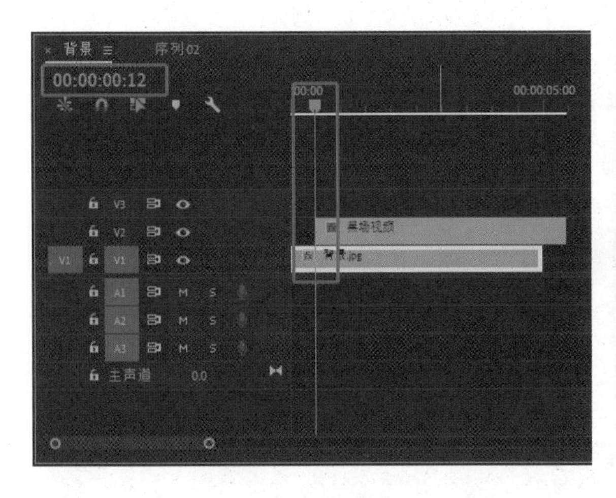

图 3-65 设置“黑场视频”起始时间

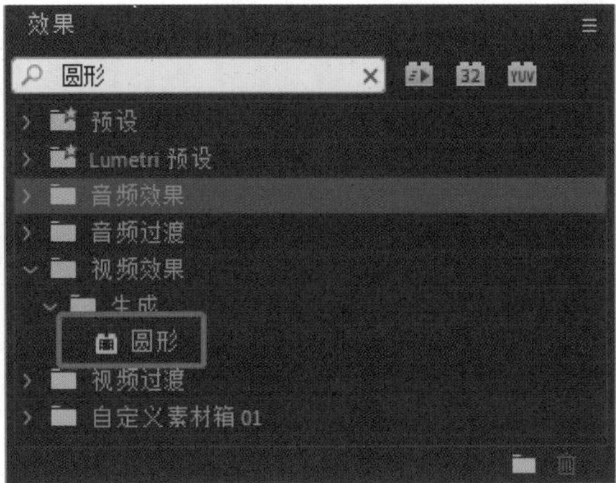

图 3-66 “圆形”效果

步骤十：在“效果控制”面板中展开“圆形”效果，并设置“中心”为（2880.0，1880.0），“半径”为1038.0，“羽化外侧边缘”为 0，“颜色”为红色，“不透明度”为 61%，最后展开“运动”属性，在设置“位置”为（2880.0，1880.0），如图 3-67 所示。圆形效果如图 3-68 所示。

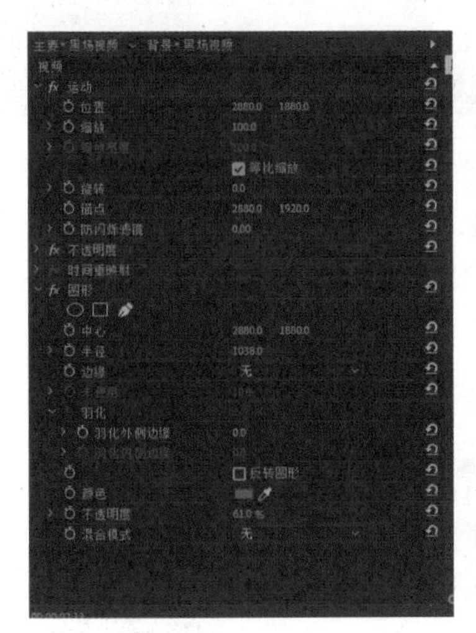

图 3-67 设置圆形效果

图 3-68 圆形效果

步骤十一：选择“V2”轨道上的“黑场视频”文件，在“效果”面板中搜索“块溶解”效果，如图 3-69 所示，并按住鼠标左键将其拖拽到“黑场视频”素材文件上。

步骤十二：选择“V2”轨道上的“黑场视频”文件，在“效果控件”面板中展开“块溶解”效果，将时间线滑动至 12 帧的位置，设置“过渡完成”为 100%。单击“过渡完成”前面的按钮，开启自动关键帧。将时间线滑动到第 2 秒 2 帧的位置，设置“过渡完成”为 0%，此时滑动时间线查看效果，如图 3-70 所示。

步骤十三：选择菜单栏中的“文件”—“新建”—“旧版标题”命令，在对话框中设置“名称”为“字幕 01”，然后单击“确定”按钮，如图 3-71 所示。

步骤十四：在工具栏中单击“文字工具”按钮，并在工作区域中输入“经典”文字，设置合适的“字体系列”和“字体大小”，设置“颜色”为白色，如图 3-72 所示。

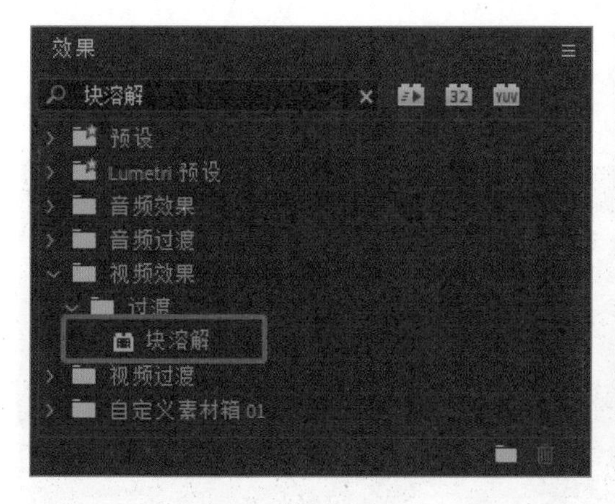

图 3-69 块溶解

图 3-70 “块溶解”效果

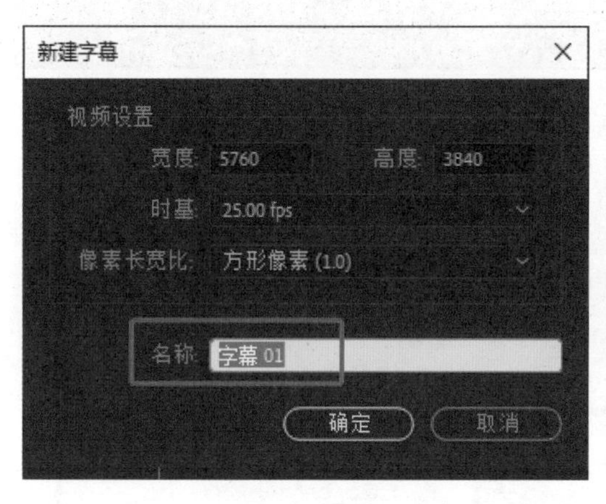

图 3-71 新建字幕

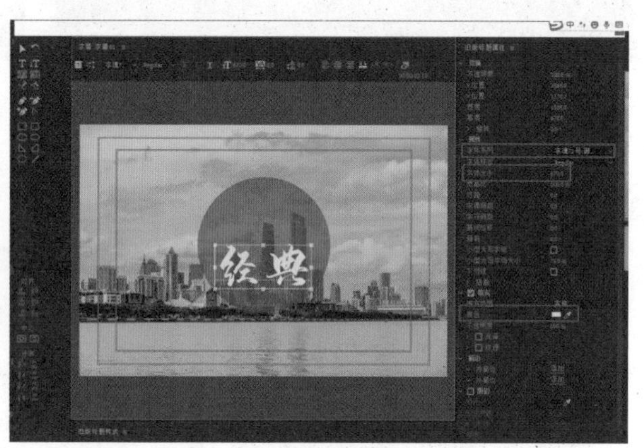

图 3-72 输入文字

步骤十五：在工具栏中单击“直线工具” 按钮，并按住鼠标左键在工作区域画出两条直线，并设置“线宽”为 20，“颜色”为白色，如图 3-73 所示。再次在工作区域中绘制一条直线，并设置“旋转”为 295.2°，“线宽”为 20，“颜色”为白色，如图 3-74 所示。

图 3-73 绘制直线 1

图 3-74 绘制直线 2

步骤十六：在工具栏中单击“文字工具” 按钮，并在工作区域中输入“古今商都”文字，设置合适的“字体系列”和“字体大小”，设置“颜色”为白色，调整直线和字体之间的间距和比例关系，如图 3-75 所示。

步骤十七：在工具栏中单击“文字工具” 按钮，并在工作区域中输入“GUANG ZHOU”文字，设置合适的“字体系列”和“字体大小”，设置“颜色”为白色，“旋转”为 90.0°。如图 3-76 所示。

步骤十八：在工具栏中单击“文字工具” 按钮，并在工作区域中输入“Millennium commercial city”文字，设置合适的“字体系列”和“字体大小”，设置“颜色”为白色，“旋转”为 90.0°，调整各组文字和线条之间的构图关系，如图 3-77 所示。

步骤十九：关闭“字幕”面板。选择“项目”面板中的“字幕 01”素材文件，并按住鼠标左键将其拖拽至“V3”轨道上，设置起始时间为 1 秒 5 帧，如图 3-78 所示。

步骤二十：选择“V3”轨道上的“字幕 01”素材文件，在“效果”面板中展开“不透明度”属性，将时间线滑动到 1 秒 5 帧位置，设置“不透明度”为 15% ，此时自动打上关键帧。将时间线滑动到 2 秒 17 帧位置，设置“不透明度”为 100%，

图 3-75 输入文字

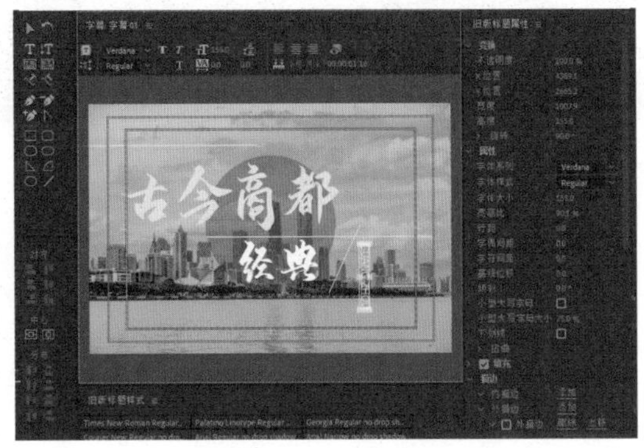

图 3-76 输入拼音文字

图 3-77 输入英文文字

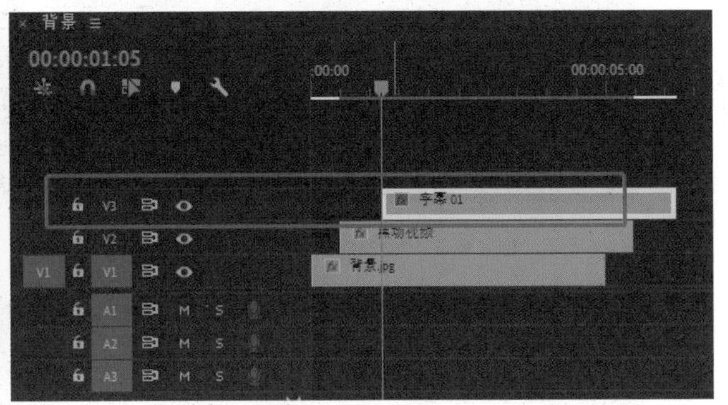

图 3-78 设置字幕

步骤二十一：在“效果”面板中搜素“球面化”效果，然后按住鼠标左键拖拽至“V3”轨道的“字幕 01”素材文件上。

步骤二十二：选择“V3”轨道上的“字幕 01”素材文件，展开“球面化”属性，将时间线滑动到 1 秒 5 帧位置，设置“半径”为 2500 ，点击 ◎记录关键帧，开启自动关键帧。将时间线滑动到 1 秒 16 帧位置，设置“半径”为 0，如图 3-79 所示。

步骤二十三：选择 V3 轨道上的“字幕 01”素材文件，双击鼠标左键进入“字幕 01”面板，选择工作区域的“古今商都”文字，使用快捷键 Ctrl+ C 进行复制。

步骤二十四：使用同样的方法，再次创建“字幕 02”，并在工作区域使用快捷键 Ctrl+V 粘贴“古今商都”文字，如图 3-80 所示。

步骤二十五：关闭“字幕”面板。选择“项目”面板中的“字幕 02”文件，并按住鼠标左键将“项目”面板中的“字幕 02”素材文件拖拽至“V4 ”轨道上，设置“字幕 02”素材文件的开始时间为第 2 秒 11 帧位置，如图 3-81 所示。

步骤二十六：选择“V4” 轨道上的“字幕 02”文件，在“效果控件”面板中展开“不透明度”属性，单击“创建椭圆形蒙版”按钮，此时工作区域中出现椭圆形蒙版，在“节目”监视器中适当调整椭圆形蒙版的形状，如图 3-82 所示。在“效果控件”面板中设置“蒙版羽化”为 26。将时间线滑动至 2 秒 11 帧位置，设置“不

透明度”为 0%，为不透明度创建关键帧，将时间线滑动到 4 秒 6 帧处，设置“不透明度”为 100%，设置“混合模式”为“相减”，如图 3-83 所示。

步骤二十七：拖动时间轴查看最终效果，如图 3-84 所示。

图 3-79 球面化

图 3-80 粘贴文字

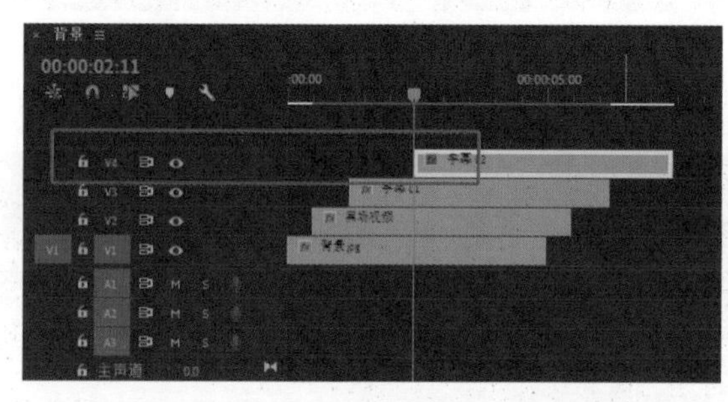

图 3-81 设置“字幕 02”开始时间

图 3-82 创建椭圆形蒙版

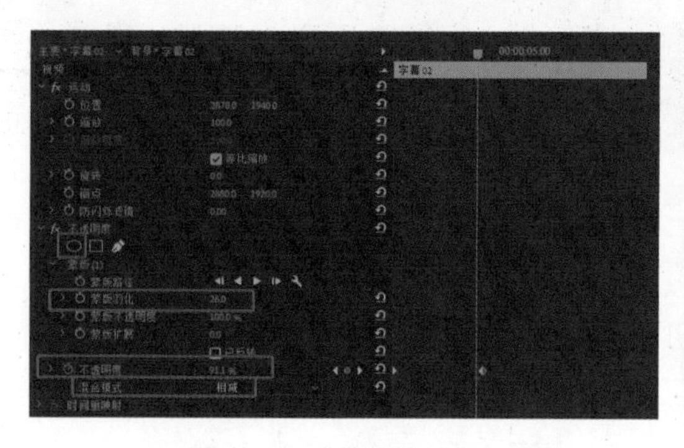

图 3-83 “效果控件”参数面板

图 3-34 最终效果

三、学习任务小结

本次课中，同学们学习了不同样式蒙版的应用和文字编辑的方法和步骤。通过案例制作练习，同学们已经初步掌握了颜色遮罩、块溶解、球面化、不透明度和椭圆形蒙版的使用技巧。在后期制作、影视特效和图像处理中，颜色遮罩、块溶解、球面化、不透明度和椭圆形蒙版的应用是常用的基础命令，后期还需要同学们多加练习，通过练习巩固操作技能。

四、课后作业

（1）新建字幕层、形状图层、填充图层、椭圆形蒙版。

（2）制作一段以城市景观为主题的企业宣传片动画。

项目四
电视广告的制作

学习任务一　洗发水电视广告的合成制作

学习任务二　家用电器电视广告的合成制作

洗发水电视广告的合成制作

教学目标

（1）专业能力：能使用软件绘制图像，能运用试听语言知识进行运镜，能使用 Premiere 软件进行剪辑和特效制作。

（2）社会能力：能通过课堂师生问答、小组讨论，提升学生的表达与交流能力、执行力。

（3）方法能力：通过本次任务学习，提升学生的观察、记忆、思维、想象等能力。

学习目标

（1）知识目标：通过本次学习任务，能使用软件绘制图像，能使用三维软件制作简单的洗发水瓶子模型，能绘制透视镜头下的变形画面，能合理处理镜头运动与衔接技术，能合理使用视频特效。

（2）技能目标：能够从案例中提炼各元素进行解构，能根据任务要求完成洗发水电视广告的合成制作。

（3）素质目标：通过本次实战操作，提升专业认知，提高专业素养和艺术境界。

教学建议

1. 教师活动

（1）教师提前准备好素材，制作 PPT 或视频课件，通过分析案例，让学生知道电视广告制作所需要的专业技能、工作任务的重点与难点。

（2）布置工作任务，详细讲解任务要求，引导学生拓展思路提炼任务主题，运用多元化手段完成任务。

（3）任务进行期间，教师巡视指导，提醒学生注意运镜和特效制作技巧。

（4）教师点评作业的同时引导学生相互点评和思考解决方案。

2. 学生活动

（1）认真学习特效合成的知识，积极思考问题，做好笔记，积极参与课堂互动。

（2）制定特效合成工作任进度表，按时按质完成工作任务。

一、学习问题导入

各位同学，大家好！今天我们来了解一部三维动画制作的洗发水广告。该广告片使用了三维动画技术，三维动画更具科技感、直观性，能够让消费者更真实地了解产品的相关信息，让我们一起欣赏这段广告。

二、学习任务详解

洗发水电视广告合成制作过程如下（图 4-1）。

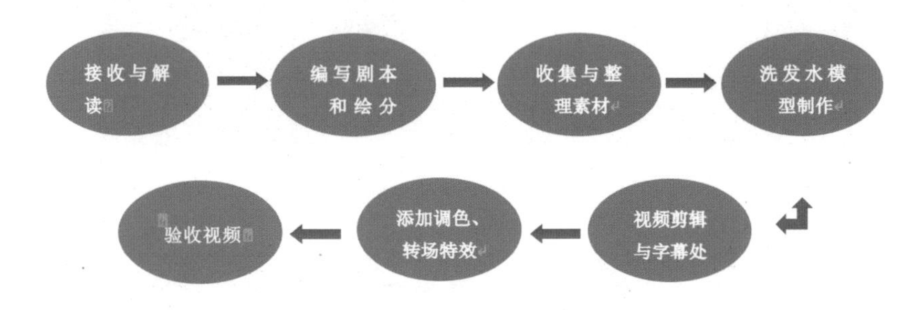

图 4-1 洗发水电视广告合成制作

1. 接收并解读任务书

洗发水电视广告合成制作的素材包中包含几段产品的视频素材，要求进行剪辑、添加文案和音频，视频长度不少于 30 秒。

2. 制作步骤

（1）洗发水三维模型制作。

步骤一：打开 3ds Max 软件。在软件操作界面可以看到右侧有一个“+”号。

步骤二：点击“+”后在软件操作右侧界面找到标准基本体，选择“圆柱体”点击，创建“圆柱体”。如图 4-2 所示。

步骤三：根据洗发水瓶子的参考图，在修改器面板中修改“圆柱体”相关参数：如半径、高度、高度分段等，输入数值（数值根据自己设定的洗发水外观造型而定），得到一个与洗发水瓶子比较匹配的“圆柱体”，然后点击键盘上的 F4 按钮，即可在圆柱体模型上显示分段，如图 4-3 所示。

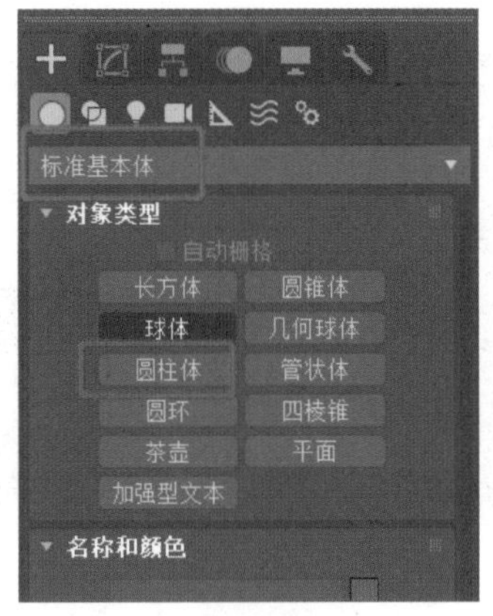

图 4-2 创建圆柱体

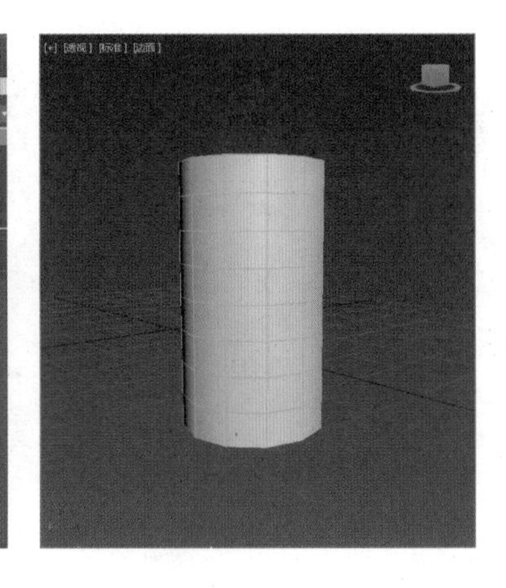

图 4-3 修改参数和显示分段

步骤四：对模型点击右键，将“圆柱体”转为“可编辑多边形”，分别根据洗发水瓶子造型对点、线、面通过移动、旋转、缩放修改造型，务求使“圆柱体”造型更贴近洗发水瓶子造型。如图 4-4 和图 4-5 所示。

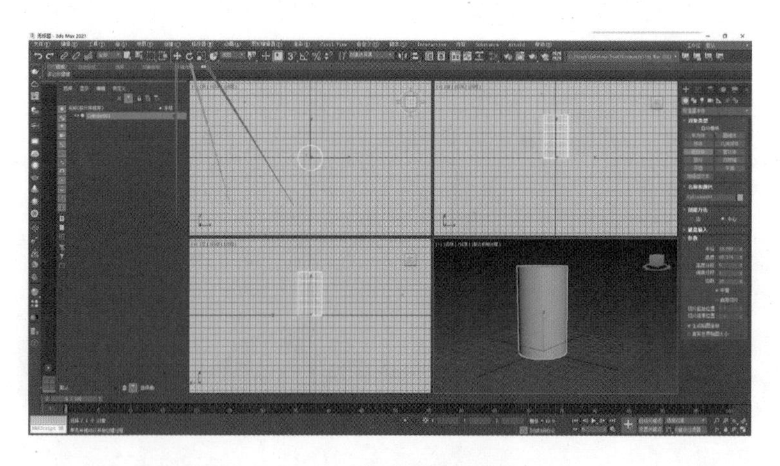

图 4-4 修改圆柱体造型 1

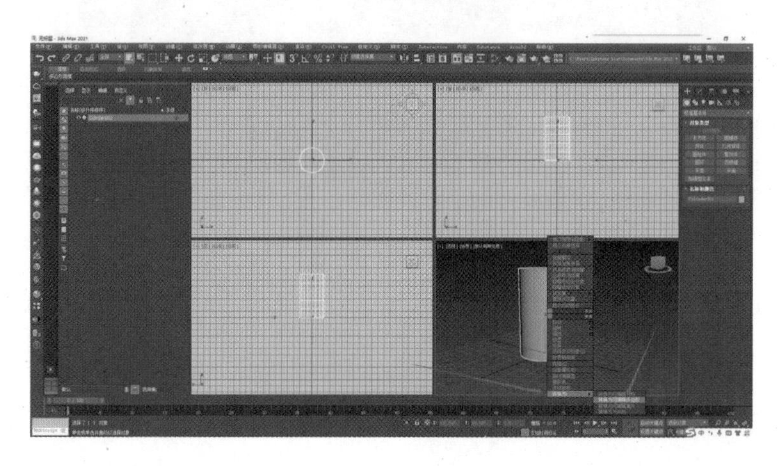

图 4-5 修改圆柱体造型 2

步骤五：选择多边形“面”元素，点击选中“圆柱体”上、下两个面，按 Delete 键进行删除。如图 4-6 和图 4-7 所示。

步骤六：因为仅对“圆柱体”进行简单的点、线、面的修改，并不能使外观效果完美，所以需要继续对“圆柱体”进行修改。找到“修改器面板”，点击展开“修改器列表”下拉菜单，选择“FFD4×4×4”，通过添加并根据洗发水瓶子外观造型，用“FFD4×4×4”—“控制点”调整模型，得到洗发水瓶子造型。如图 4-8 和图 4-9 所示。

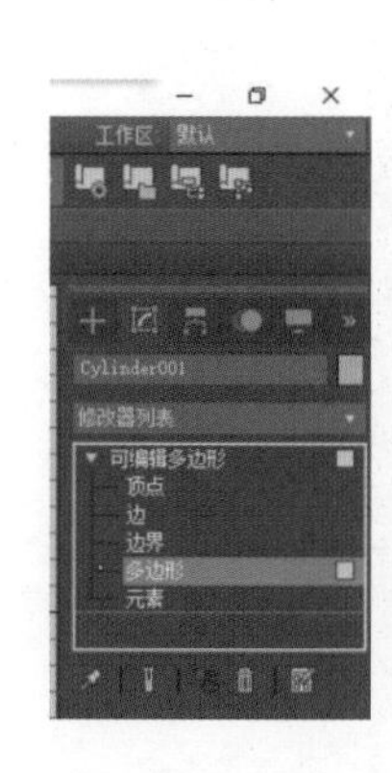

图 4-6 选择多边形

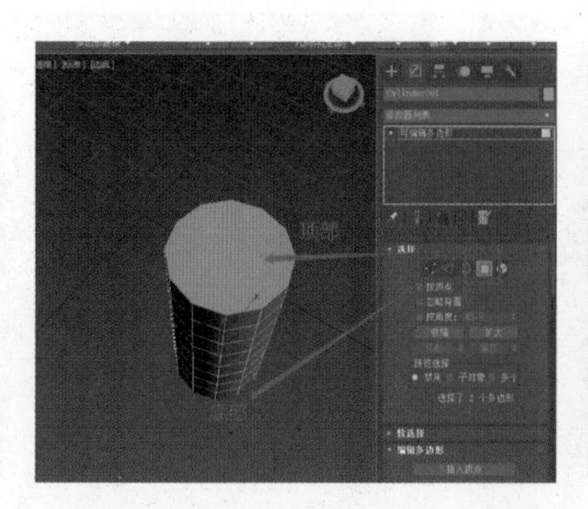

图 4-7 选择多边形的面

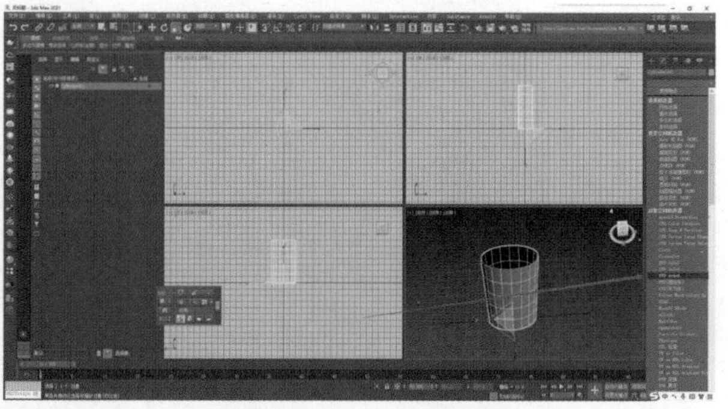

图 4-8 选择“FFD4X4X4”

步骤七：在右侧操作栏里可编辑多边形上方可以看到增添了多一个命令“FFD4×4×4”，点击左侧小三角展开，选择节点，在视图中拖曳黄点至合适位置改变模型形状。以洗发水瓶身的弧度为例，将中间一侧部分节点选中，拖曳得到一个带有弧度的模型，如图 4-10 所示。

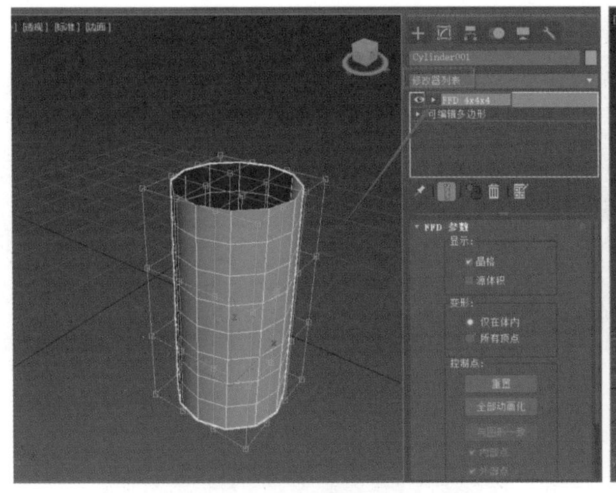

图 4-9 用控制点调整模型

图 4-10 拖曳得到一个带有弧度的模型

步骤八：逐个点击选中模型中间的数片面片，在右侧操作栏中使用“倒角”，使选中的面片部分向里挤出同时往里收缩，基本型就做好了，如图 4-11 ~图 4-13 所示。

步骤九：以演示版本 3ds Max 2021 为例，如图 4-14 所示。

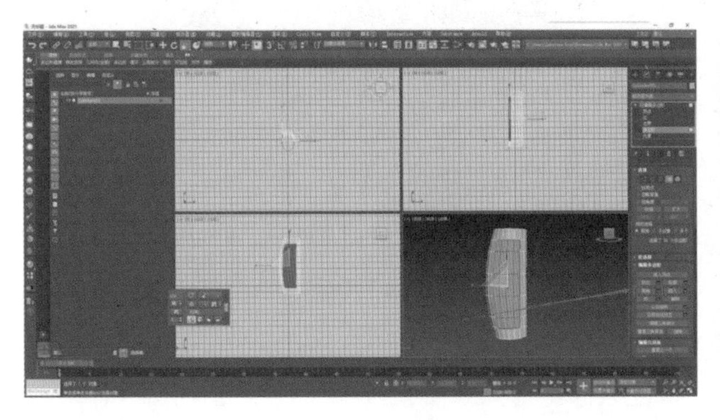

图 4-11 调整外形 1

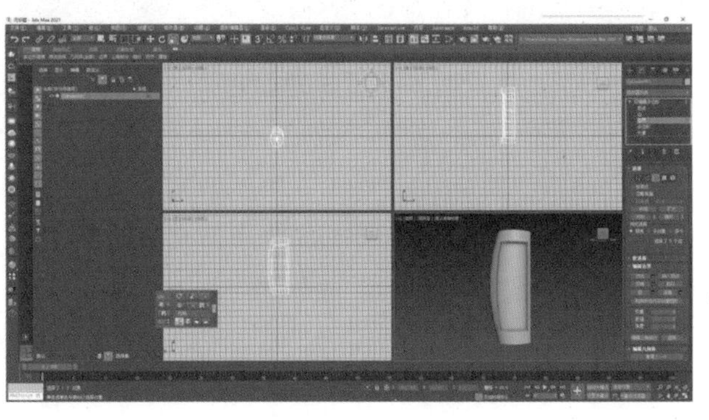

图 4-12 调整外形 2

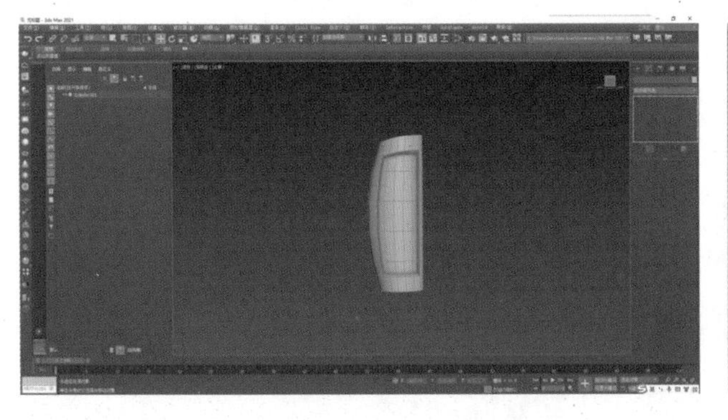

图 4-13 调整外形 3

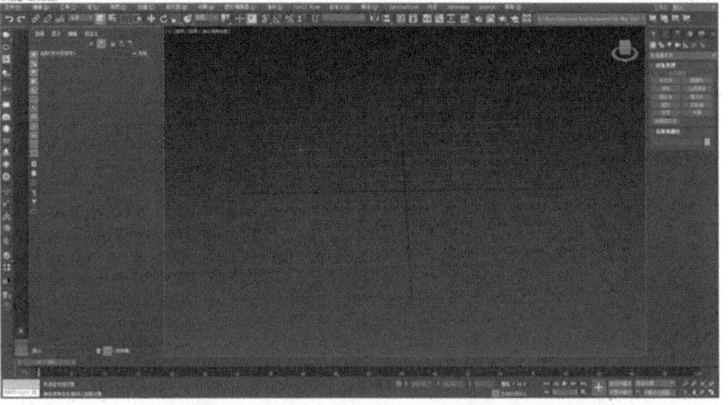

图 4-14 打开 3ds Max 2021

步骤十：在软件左边栏中，添加一栏辅助插件为 V-ray 插件。在软件操作界面可以看到在右侧有一个“+”号，选择点击一下，则会弹出一个创造基础模型的页面，以及模型的基础数据，包括大小、位置等参数。首先创建两个简单基本体。如图 4-15 所示。

步骤十一：在软件操作界面的左上方点击选择视图，如图 4-16 所示。再选择视口配置，如图 4-17 所示。点击布局，如图 4-18 所示，用于切换相机视角。

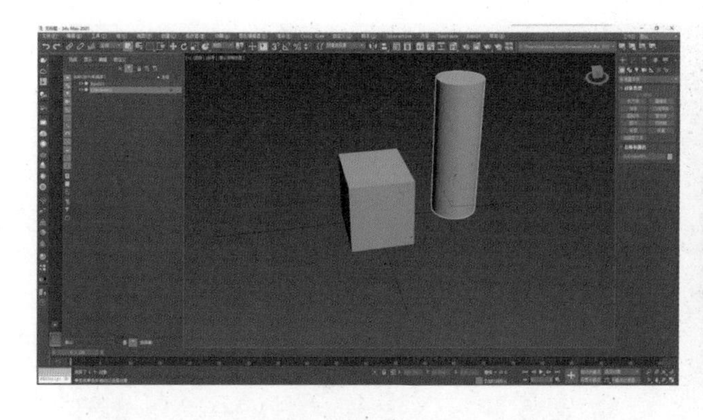

图 4-15 添加一栏辅助插件为 V-ray 插件

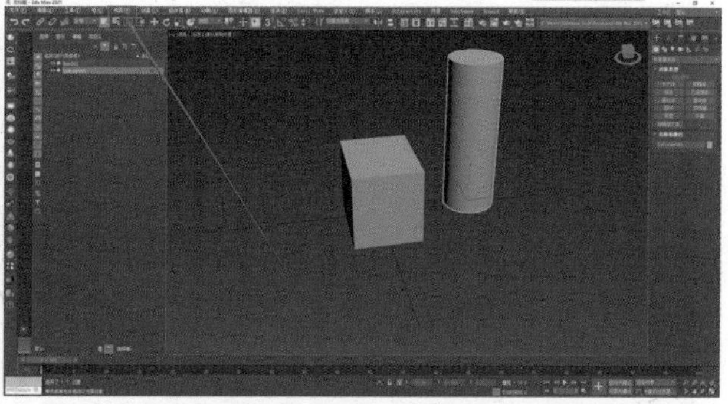

图 4-16 点击选择视图

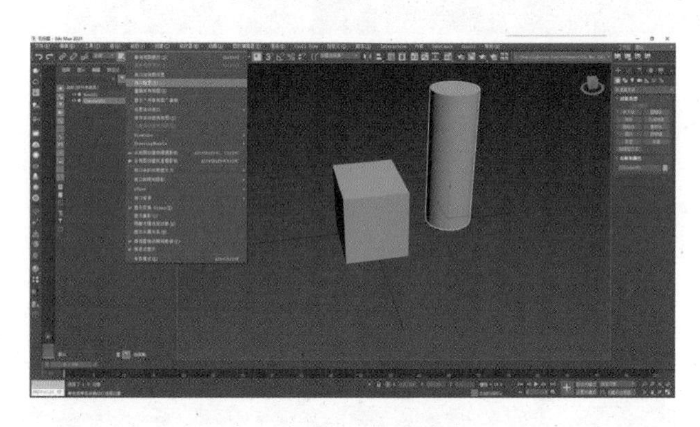

图 4-17 选择视口配置

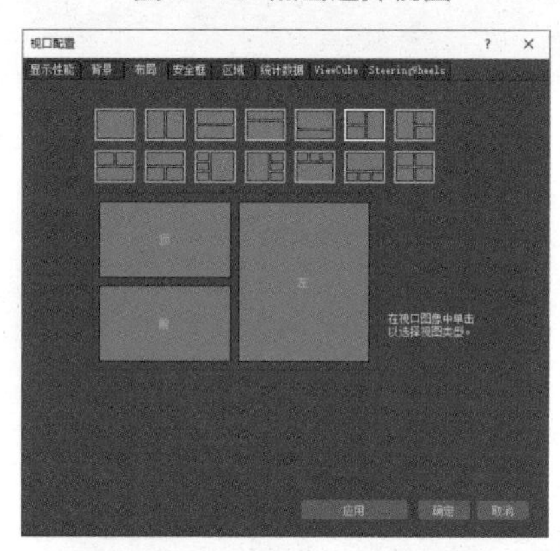

图 4-18 选择一个新的界面

步骤十二：选择完成以后就得到如图 4-19 所示的界面，点击红框位置更改为默认明暗处理，并切换视角。

步骤十三：接下来布置机位。点击软件操作界面“+”号下栏往右数第四个按键，如图 4-20 所示。选择物理相机，如图 4-21 所示。再回到视图栏中，在需要布置摄像机的地方长按鼠标左键并拖动到物体处，如图 4-22 所示。

步骤十四：如图 4-23 所示，进行一些位置的调整，按住鼠标左键框选物理相机以及它的小正方体，然后使用移动工具调整，使小立方体居于物体的中心部分。接下来，如图 4-24 所示，点击视图栏中红框位置，切换为摄影机的视角，如图 4-25 所示。

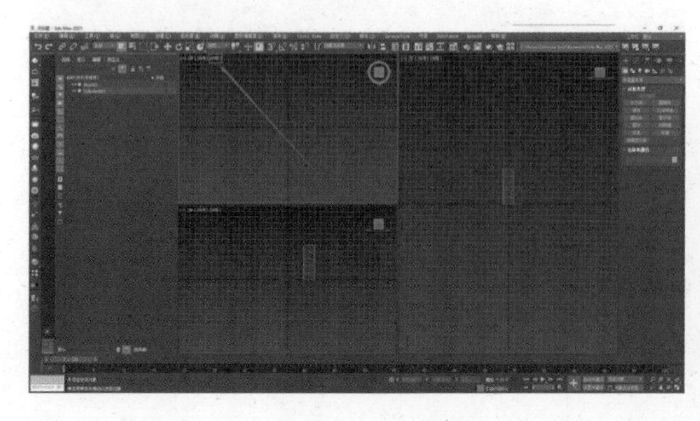

图 4-19 新界面

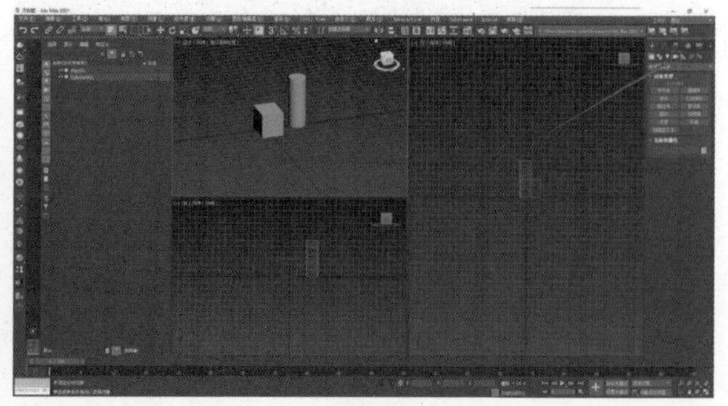

图 4-20 点击软件操作界面 + 号下栏往右数第四个按键

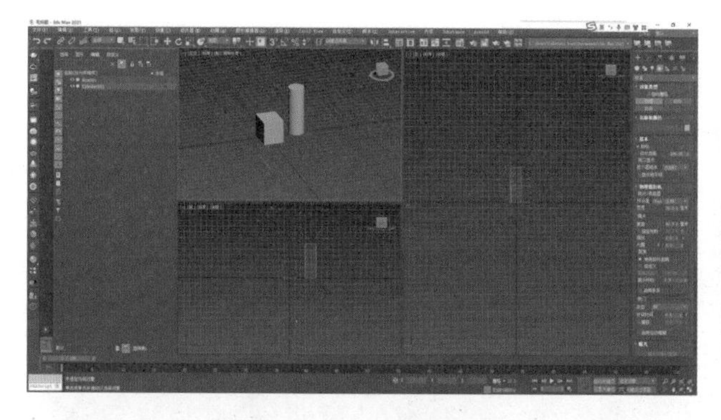

图 4-21 选择物理相机

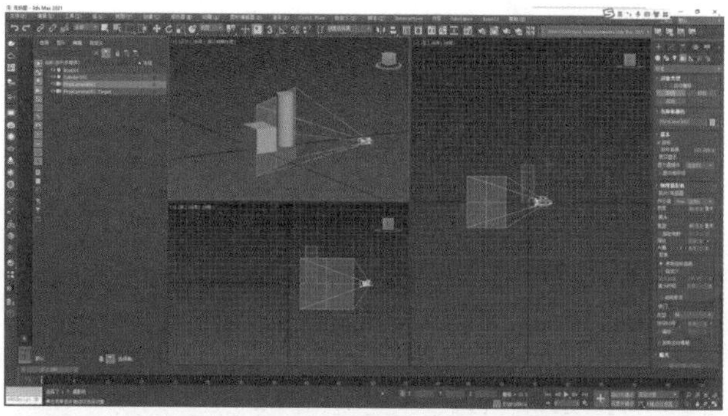

图 4-22 长按鼠标左键并拖动到物体处

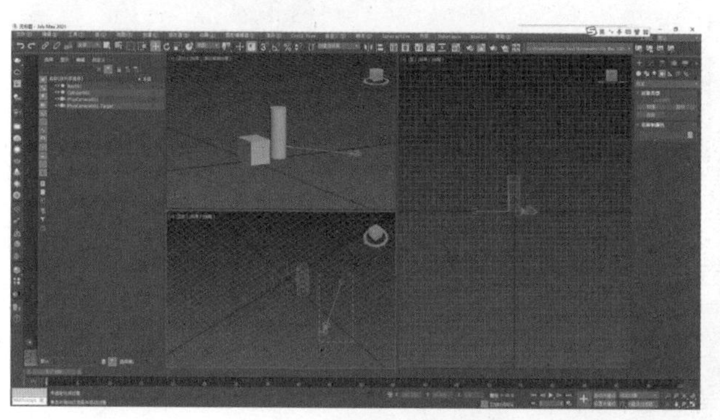

图 4-23 进行位置的调整

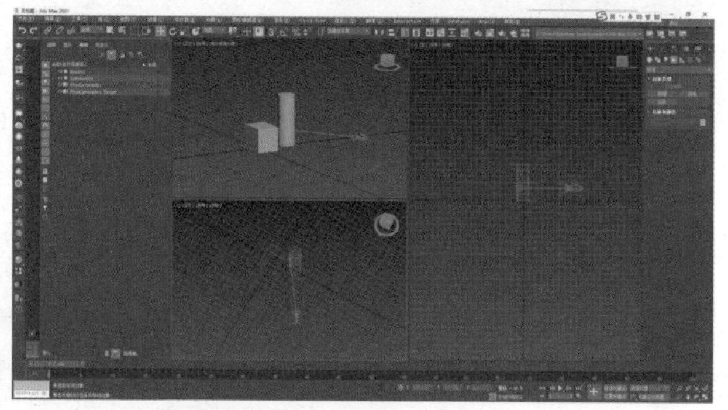

图 4-24 使小立方体居于物体的中心部分

步骤十五：如图 4-26 所示，视图栏中红框的 physcamera001 对应左的场景资源管理器的 physcamera001，意味着目前该视图的视角是 physcamera001 摄像机的视角。接下来通过只选择摄像机或小立方体并使用移动工具进行位置的调整，让摄像机视角对齐物体，对齐完成如图 4-27 所示。

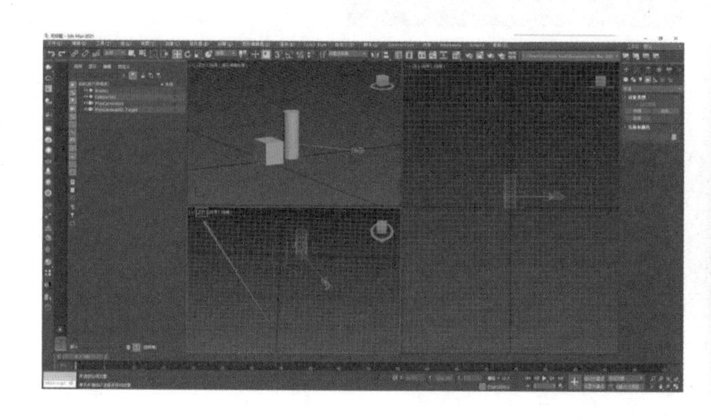

图 4-25 切换为摄影机的视角

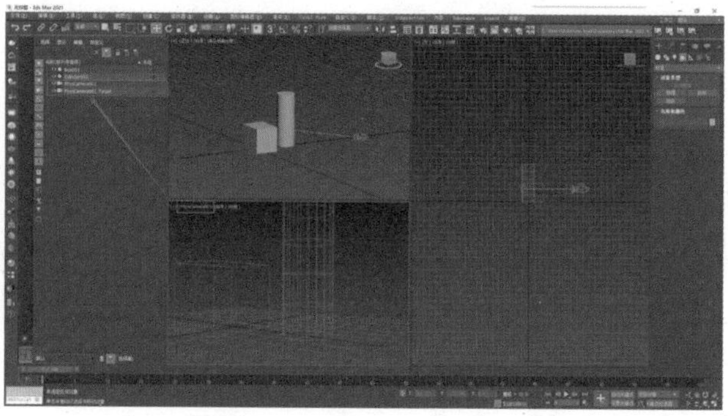

图 4-26 physcamera001 摄像机的视角

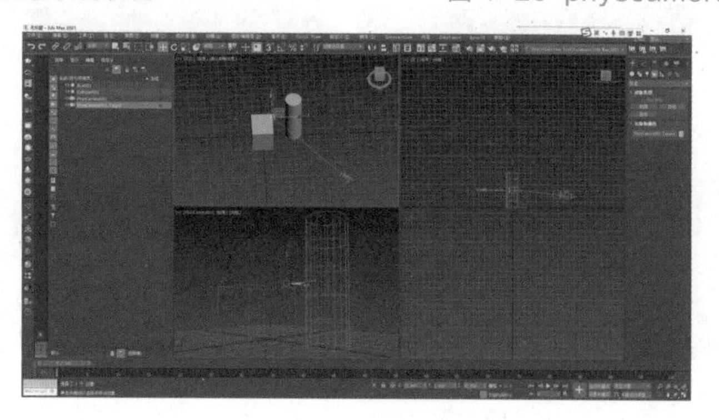

图 4-27 对齐完成

步骤十六：关于相机的运镜，如图 4-28 所示，大红框为时间帧轴，小框为关键点设置栏。选中单击摄像机并点击关键点设置栏中的 + 号和自动关键点按钮创建一个关键帧以及让软件自行补间。如图 4-29 所示。点击完成后时间帧轴就会变红，意味着自动关键点正在生效，自动关键点的作用是补间，同时时间帧栏的指针下多了几个小色块，意味着在这个帧下设置了一个关键点。如图 4-30 所示。

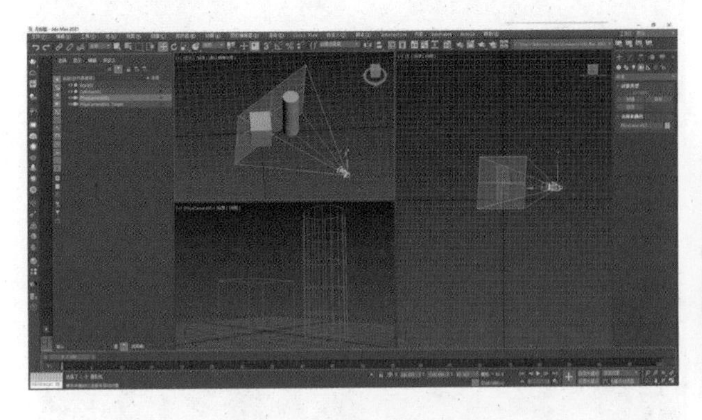

图 4-28 相机的运镜 1

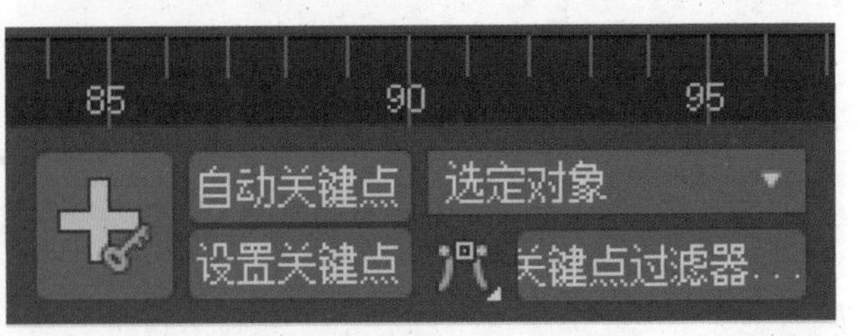

图 4-29 创建关键帧

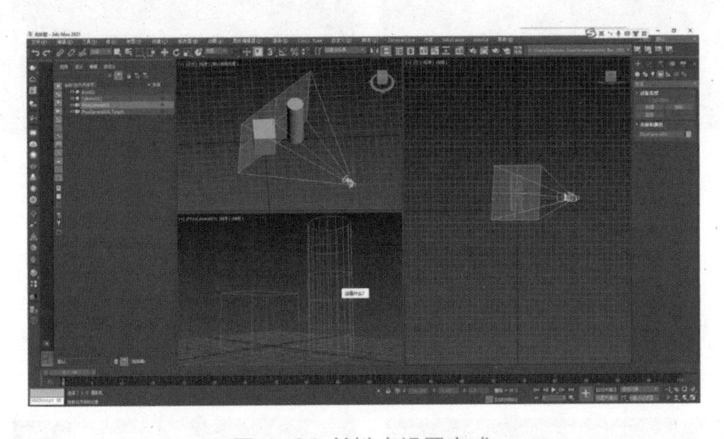

图 4-30 关键点设置完成

步骤十七：将时间帧轴下的指针拖动到 40 帧的位置，如图 4-31 所示。单击摄像机使用移动工具移动到下一个关键点，如图 4-32 所示。随后在关键帧栏中点击自动关键点将其关闭，点击小三角播放动画。如图 4-33 所示。

步骤十八：进行渲染。如图 4-34 所示，选中镜头视图，被选中的视图会显示黄框，然后按 Alt+W 放大视图。如图 4-35 所示。

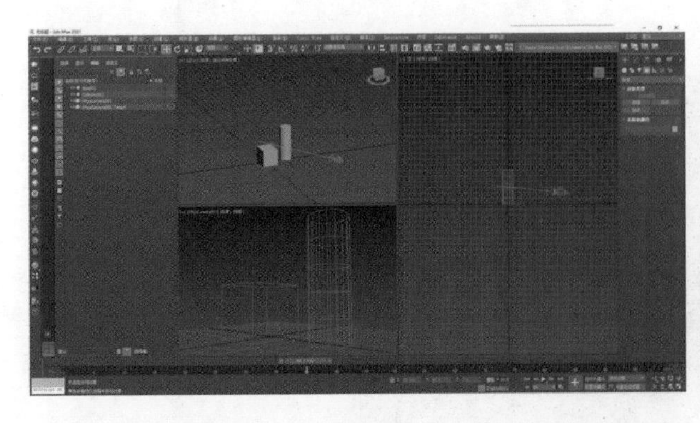

图 4-31 将时间帧轴下的指针拖动到 40 帧的位置

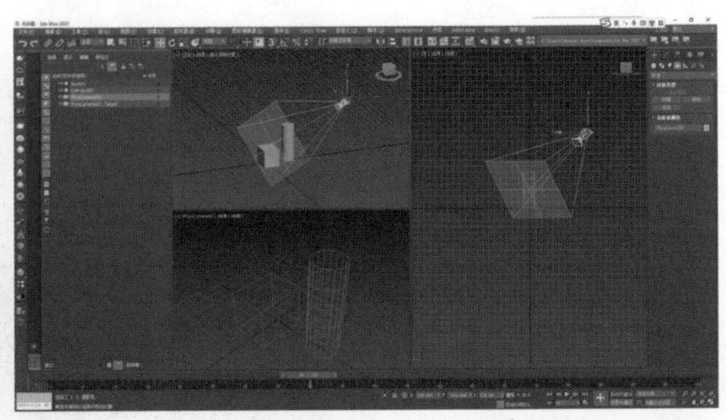

图 4-32 单击摄像机使用移动工具移动到下一个关键点

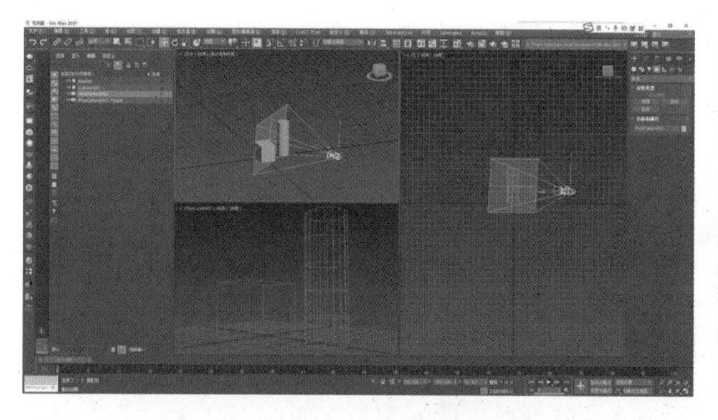

图 4-33 点击自动关键点将其关闭

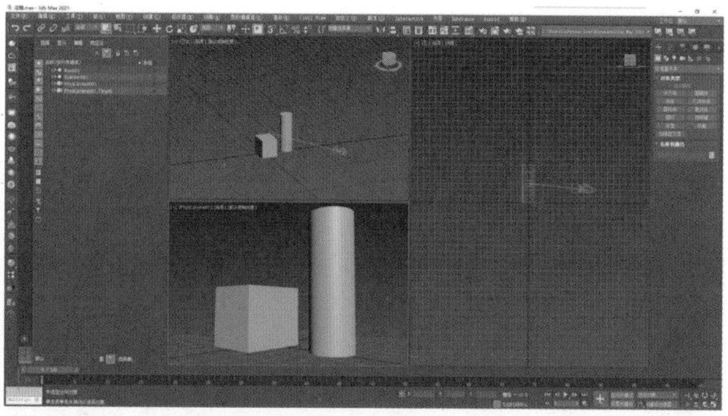

图 4-34 选中镜头视图

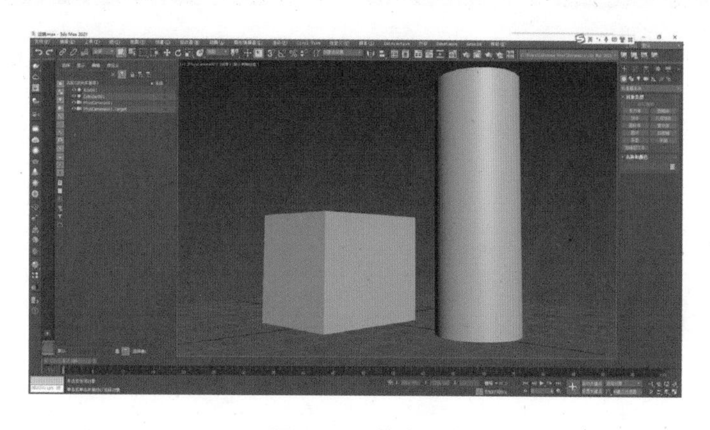

图 4-35 放大视图

步骤十九：给场景添加一个灯光。在左侧 V-ray 插件栏中，点击第六个按钮，即穹顶灯光，然后在场景空白地方中随机点击放置。如图 4-36 所示。在右侧可以调节灯光的细节，如图 4-37 所示。最后点击左侧 V-ray 插件栏的第一个按钮便可以开始渲染。

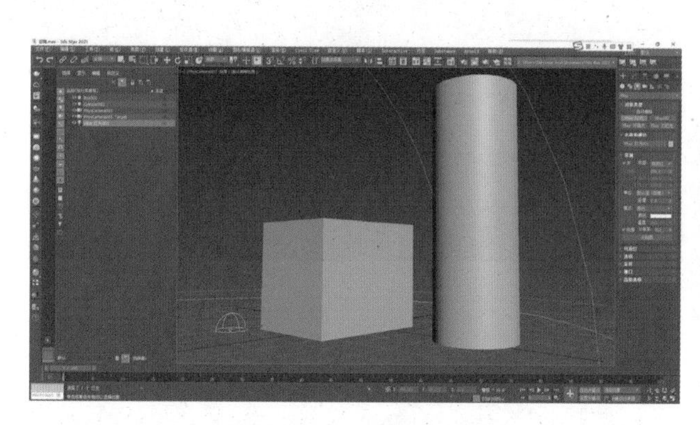

图 4-36 放置穹顶灯光

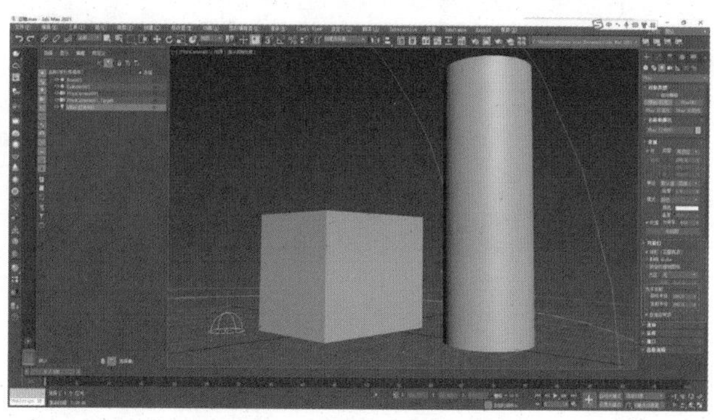

图 4-37 调节灯光的细节

（2）洗发水广告视频制作。

步骤一：打开 Premiere，新建一个项目，在弹出的对话框中将名称命名为“洗发水广告”。进入界面后在左下方项目面板中导入提供的“洗发水广告”文件，并将“运镜素材 1”和“动画花朵”文件分别拖拽到“时间线”面板“V1”和“V2”轨道。如图 4-38 所示。

步骤二：选择“动画花朵”文件，右键选择“速度 / 持续时间”，在弹出对话框中将“速度”设置为 15.0%（延长视频时间）。在界面左上方点击“效果控件”，选择“不透明度”命令，在 00：00：00：00 添加关键帧，数值设置为 100%，在 00：00：3：10 数值设置为 15.9%，结束位置数值设置为 0%。如图 4-39 所示。

图 4-38 新建项目

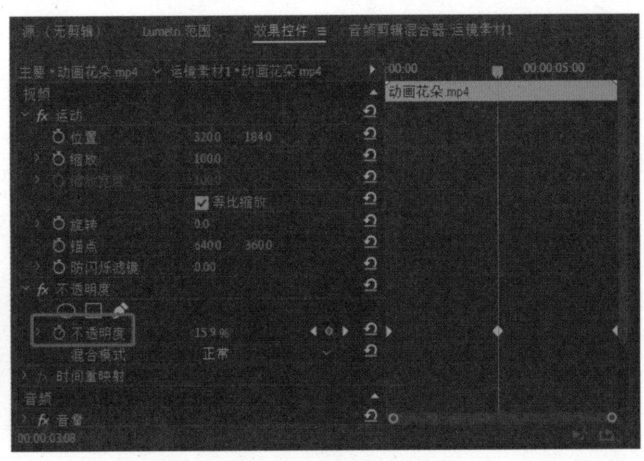

图 4-39 效果控件设置

步骤三：选择“运镜素材 1”文件拖拽至 00：00：00：16 处，选择“颜色”—“锐化”数值设置为 100，“饱和度”数值设置为 155。如图 4-40 所示。

步骤四：将“空镜头素材 1”和“空镜头素材 2”文件先后拖拽到“时间线”面板“V1”轨道“运镜素材 1”后面，如图 4-41 所示。点击“效果”面板，找到“视频过渡”—“沉式视频”—“VR 色度泄露”，将其拖拽至“运镜素材 1”与“空镜头素材 1”两文件之间。接着找到“视频过渡”—“沉浸式视频”—“缩放”—“交叉缩放”拖拽至“空镜头素材”与“空镜头素材 2”两文件之间，完成视频过渡。如图 4-42 所示。

步骤五：将“泡泡素材”拖拽到“时间线”面板“V2”“V3”“V4”（单击轨道右键选择“添加单个轨道”完成新建一条轨道）轨道，其后将按快捷键“C”将“泡泡素材”00：00：02：15 前的素材剪切并删除，将“V3”轨道上的“泡泡素材”往后移 15 帧，将“V4”轨道上的“泡泡素材”往后移 15 帧，最后将“泡泡素材”缩短至与其他视频长度一致。如图 4-43 所示。

图 4-40 颜色设置

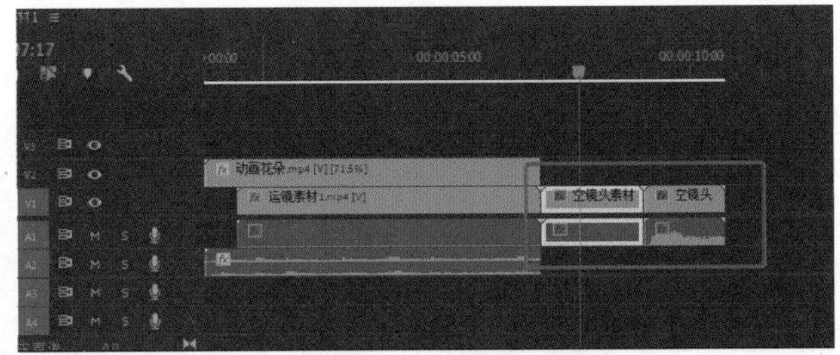

图 4-41 拖拽空镜头素材

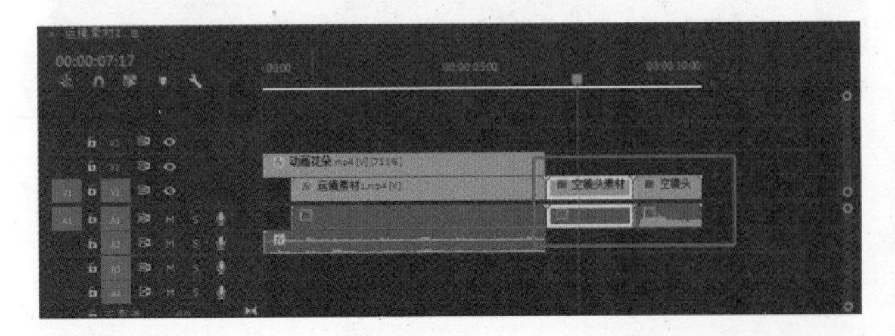

图 4-42 将“VR 色度泄露”拖拽至空镜头素材之间

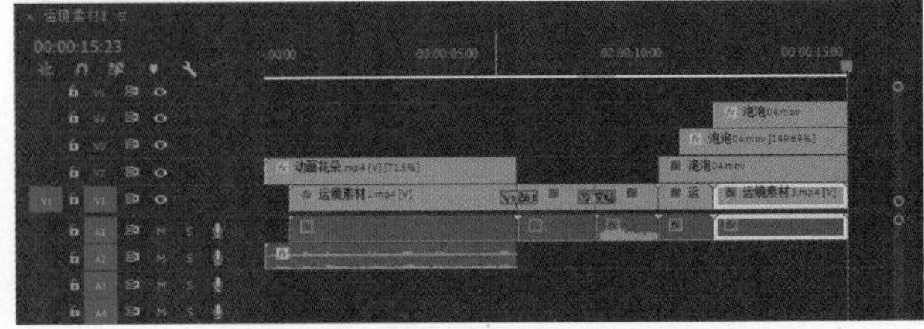

图 4-43 泡泡素材视频长度设置

步骤六：点击界面上“文件”—“新建”—“字幕”输入“Show your good sate”和“Do Sun”，在面板找到编辑进行设置字体、字号、边框、位置等数据后将两段字幕分别拖拽至图中的位置。如图 4-44 所示。

步骤七：选择“文件”—“导出”—“输出文件”，设置输出格式和位置。如图 4-45 所示。

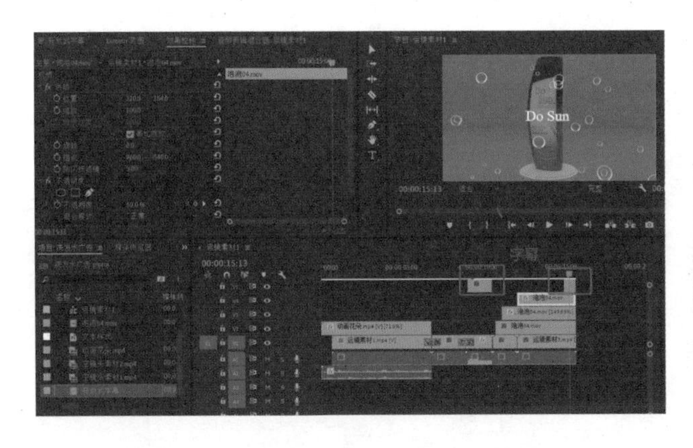

图 4-44 将字幕拖拽至图中的位置

图 4-45 设置输出格式和位置

三、学习任务小结

通过本次课的学习，同学们已经掌握了运用 3ds Max 软件制作洗发水模型的方法和步骤，也掌握了洗发水广告视频制作的方法和步骤。课后，大家要对本次课所学的方法和命令进行反复练习，做到熟能生巧。

四、课后作业

运用 3ds Max 软件制作一个电吹风模型。

家用电器电视广告的合成制作

教学目标

（1）专业能力：能阅读并分析任务书，能提取任务中的重点信息，能使用 Premiere、After Effects 等软件进行剪辑和特效制作。

（2）社会能力：能通过课堂师生问答、小组讨论，提升学生的表达与交流能力、执行力。

（3）方法能力：通过本次任务学习，提升学生的观察、记忆、思维、想象等能力。

学习目标

（1）知识目标：通过本次学习任务，能合理处理镜头运动与衔接技术，能使用 Premiere 组建视频和编辑文案、添加音频，能使用 After Effects 处理指定的特效制作。

（2）技能目标：能够从案例中提炼各元素进行解构，能根据任务要求完成家用电器电视广告制作。

（3）素质目标：通过实训，提升专业认知，提高艺术专业素养。

教学建议

1. 教师活动

（1）教师提前准备好素材，制作 PPT 或视频课件，通过分析案例，让学生知道电视广告制作所需要的专业技能、工作任务的重点与难点。

（2）布置家用电器电视广告制作实训任务，详细讲解任务要求，引导学生拓展思路，提炼任务主题，运用多元化手段完成任务。

（3）任务进行期间，教师巡视指导，提醒学生注意视频衔接技术和特效处理的手段。

（4）教师点评作业的同时引导学生相互点评和思考解决方案。

2. 学生活动

（1）认真观看教师示范家用电器电视广告制作的方法和步骤，积极思考问题，做好笔记，积极参与课堂互动。

（2）在教师的指导下进行家用电器电视广告制作实训。

一、学习问题导入

各位同学，大家好！今天我们来了解一个电视广告—格力空调“领跑篇”。画面中的这名领跑者，其实就是格力的形象化身。“领跑是一种魄力”“领跑是一种实力”“领跑是一种动力”“领跑就是格力”，该广告排比的修饰手法道出了格力的雄心壮志，更体现了格力的王者风范。让我们一起来了解家用电器广告的制作过程吧。

二、学习任务详解

家用电器电视广告合成制作具体过程如下。

1. 接收并理解理解任务书

手提电脑电视广告合成制作。素材包中包含几段产品的视频素材，要求进行剪辑、添加文案和音频。视频长度 30 秒。打开浏览素材，提取整理所需要的素材。

2. 制作步骤

（1）视频剪辑。

步骤一：创建一个“新建项目”，将项目保存位置修改为自己想要的盘符目录位置，项目名称修改为“家用电器烤箱广告合成制作”，按 Ctrl+N 组合键，创建新的序列，在“序列预设”窗口中展开“AVCHD”选项，选择“1080p”文件夹里面的“AVCHD 1080p25”选项，创建“1920X1080”序列，修改“序列名称”为“家用电器电视广告合成制作”。如图 4-46 所示。

步骤二：找到“项目”导入素材并拖拽至时间轨道，顺序为“手提电脑 8”“手提电脑 7”“手提电脑 4”“手提电脑 6”“手提电脑 3”“手提电脑 9”，点击素材后找到“效果控制”—“运动”—“缩放”调整视频的尺寸与序列设置一致。根据任务要求剪辑素材，要考虑预留片头片尾所占用的时间。

步骤三：在该段素材 0：00：12：08 时间段按快捷键 C 剪切，然后按 Delete 将后面剪去的一段删除，再将“手提电脑 8”速度调快，点击素材后右键选择“速度、持续时间”，在对话框“速度”修改为 170。如图 4-47 所示。

步骤四：点击“手提电脑 7”，找到“缩放”数值设置为 52°，如图 4-48 所示。点击素材后右键选择“速度、持续时间”，在对话框“速度”修改为 150。

图 4-46 新建项目

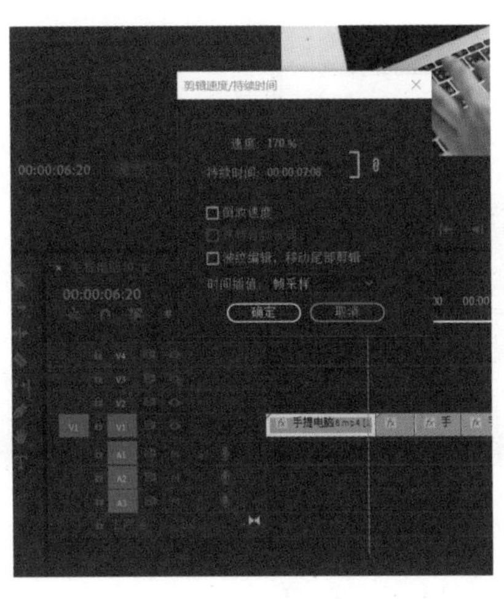

图 4-47 将“手提电脑 8”速度调快

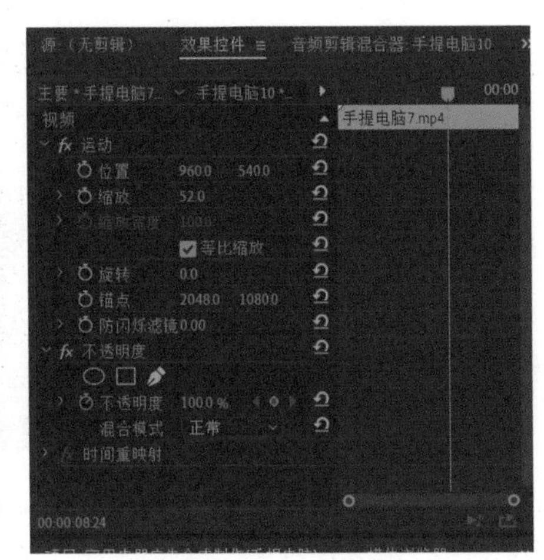

图 4-48 “手提电脑 7”设置

步骤五：点击“手提电脑 6”，找到“缩放”数值设置为 96，位置数值设置为（960，241），拾取 3 秒的素材（可参考视频范例），将其余部分剪切与删除。如图 4-49 所示。

步骤六：点击“手提电脑 3”，找到“缩放”数值设置为 77，点击素材后右键选择“速度、持续时间”，在对话框“速度”修改为 120。

步骤七：点击“手提电脑 9”，拾取 3 秒的素材（可参考视频范例），将其余部分剪切与删除，找到“缩放”数值设置为 51，在 0：00：18：07 时间段打开“旋转”关键帧，在 0：00：18：23 时间段数值设置为 1°。如图 4-50 所示。

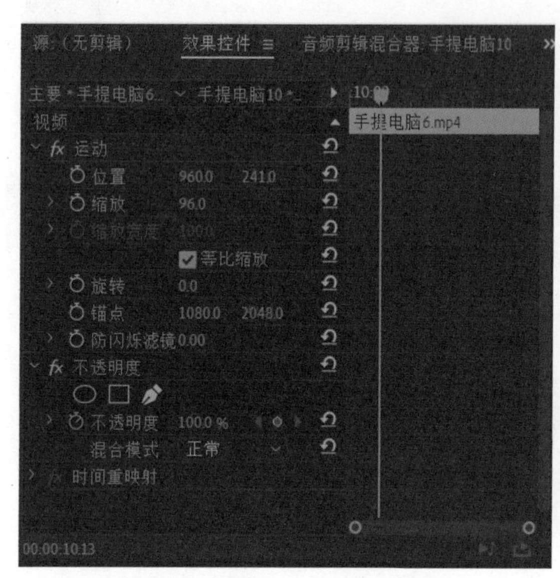

图 4-49 “手提电脑 6”设置

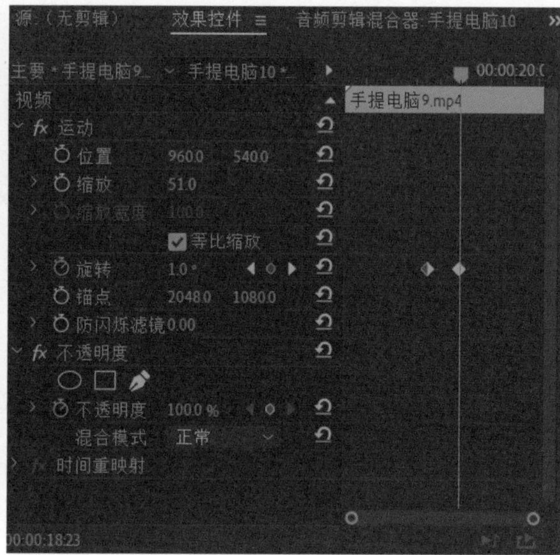

图 4-50 “手提电脑 9”设置

步骤八：导入音频素材，找到“项目”导入“Curly Wurly 背景音乐”素材并拖拽至音频时间轨道，适当调节音频的长度与视频匹配（可根据视频内容节选部分音频），添加“音频过渡”—“恒定功率”和“指数淡化”来强调与淡化音效。如图 4-51 所示。

步骤九：选择“文件”—“导出”—“媒体”，设置数据如图 4-52 所示，数据完成后点击队列进行导出。

图 4-51 导入音频素材

图 4-52 文件导出

（2）使用 After Effects 制作特效。

步骤一：打开 After Effects，选择“新建项目”，找到“合成”—“新建合成”—“合成名称”改为“家用电器广告合成制作”，“持续时间”改为 0：00：23：05。从“项目”面板的空白区域，右键选择“导入”文件，快速导入素材。从项目中将“手提电脑 .MP4”素材拖拽至图层。如图 4-53 所示。

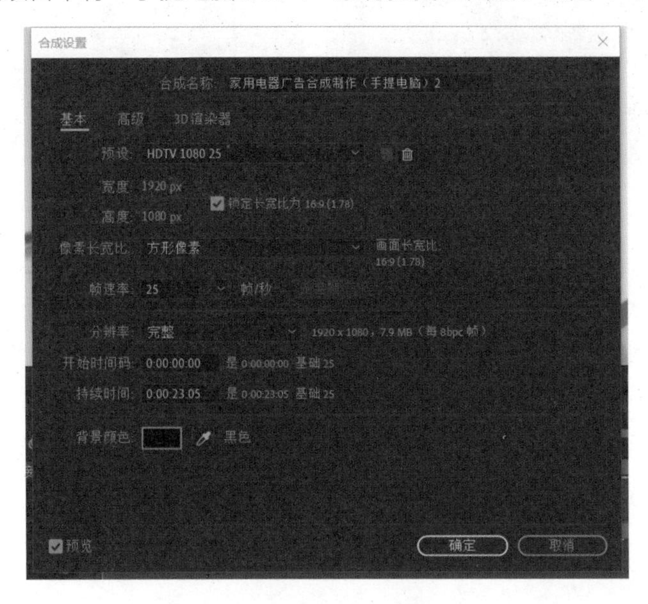

图 4-53 新建项目

步骤二：文案处理。新建文本，文字设置为“黑体”，大小为 34 像素，输入“全新丝滑手感”，开始时间为 2 秒，结束时间为 4 秒，展开“变换”—“透明度”，数值设置开始为 0，12 帧处为 100，结束时间为 0。

按下 Ctrl+D 复制文字图层，开始时间为 0：00：15：03，结束时间为 0：00：16：16，文字内容为“极致超薄、1.1KG”。

按下 Ctrl+D 复制文字图层，开始时间为 0：00：21：18，结束时间为 0：00：23：04，文字内容为“DDG”。

按下 Ctrl+D 复制文字图层，开始时间为 0：00：21：20，结束时间为 0：00：23：05，文字内容为“即将上市”，删除透明度设置。如图 4-54 所示。

图 4-54 文案处理

步骤三：制作金属字体。导入“黄金材质”图片，新建合成快捷键 Ctrl+Shift+C，命名为“金属字体”，时间长度为 4 秒。拖拽“黄金材质”图片进入该合成，输入“The journey of friendship”，在该图层中心画一个正圆路径，展开图层找到“路径选项”—“路径”—“蒙版 1”，此时文件围绕路径形成。接下来在“效果与预设”查找“cc Glass”和“cc Blobbylize”，数据设置如图 4-55 所示，制作金属字体效果。

步骤四：进入“家用电器广告合成制作”合成，点击“金属字体”合成，在 0：00：09：04 处按 T 键展开透明度数据设置为 0，在 0：00：09：14 处更改数据设置为 100，并设置旋转 2 圈。如图 4-56 所示。

图 4-55 制作金属字体

图 4-56 字体合成

步骤五：制作发射圈动画。新建合成，命名为“发射圈动画”，时间长度为 2 秒。制作第一个“发射圈”，用“钢笔”工具在画面中间位置画一条竖线，中心点设置在界面对齐的线条下方，如图 4-57 所示。接着展开“描边 1”—“线段端点”—“圆头端点”，如图 4-58 所示。展开图层找到“添加”—“中续器”—“副本”数值设置为 12（复制线条的数量），展开“变换”—“位置”，数值设置为 0，“旋转”数值设置为 30°，如图 4-59 和图 4-60 所示。下一步“添加”—“修建路径”，找到“开始”，第一帧数值设置为 0，并右键选择“关键帧辅组”—“缓动”，在 0：00：00：10 处设置数值为 100，时间滑块移动至 0：00：00：20 处，并点击选择第一帧同时按快捷键 Ctrl+C 复制，按 Ctrl+V 粘贴于此，可将这两个关键帧复制一组，形成两次线条变换。如图 4-61 和图 4-62 所示。

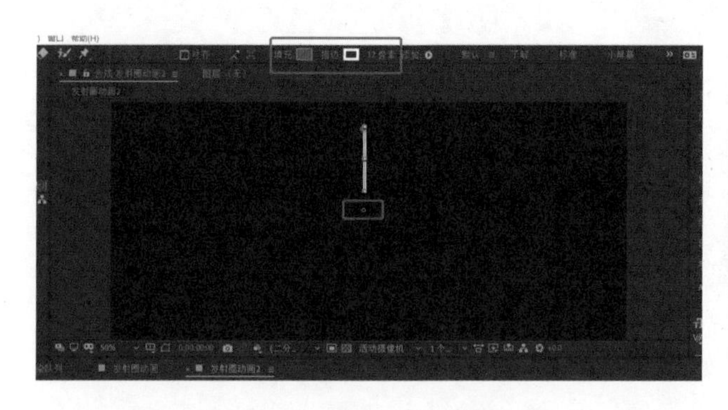

图 4-57 制作发射圈动画 1

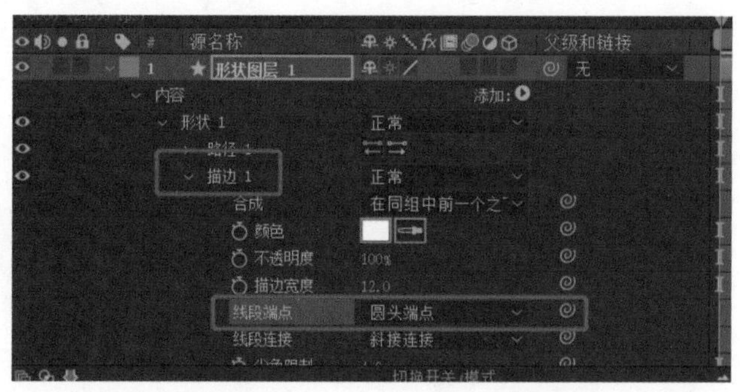

图 4-58 制作发射圈动画 2

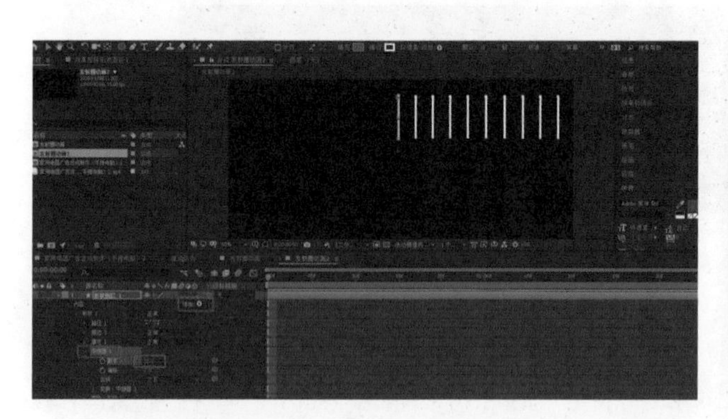

图 4-59 制作发射圈动画 3

图 4-60 制作发射圈动画 4

步骤六：制作第二个“发射圈”，按 Ctrl+D 复制以上图层，展开图层找到“形状 1”—“虚线”，点击“+”号并将数值设置为 36，接着展开“变换”—“缩放”数值设置为 40，“旋转”数值设置为 15°。

制作“动态圆圈”，在发射圆中画一个圆形，填充设置为无，描边设置为 12 像素，“添加”—“修建路径”，找到“开始”，第一帧数值设置为 100，在 0：00：00：20 处，数值设置为 0，可将这两个关键帧复制一组。按 Ctrl+D 复制以上图层，接着展开“变换”—“缩放”，数值设置为 70，如图 4-62 所示。按 Ctrl+D 复制以上图层制作第三个圆圈，展开“变换”—“缩放”，数值设置为 44°。最后将“发射圈动画”合成拖拽至“家用电器电视广告（手提电脑）”合成中，并移至 0：00：19：05 与 0：00：21：18 时间段之间，如图 4-63 所示。

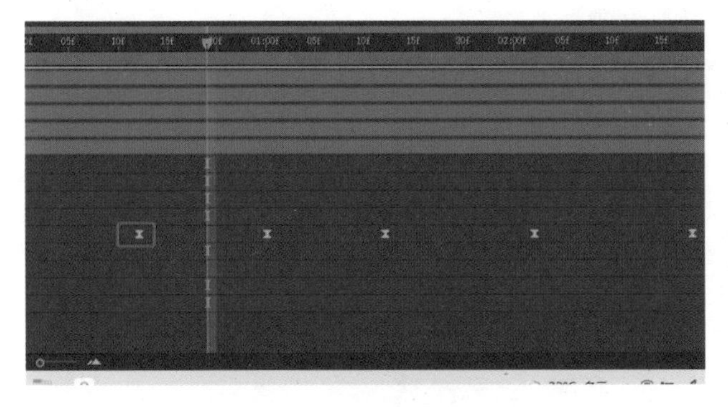

图 4-61 制作发射圈动画 5

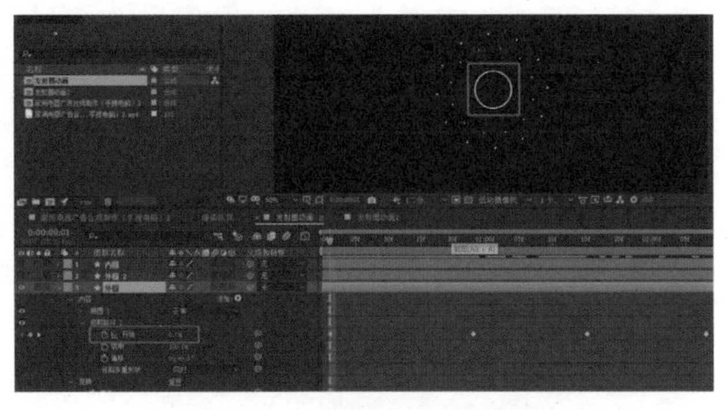

图 4-62 制作第二个发射圈 1

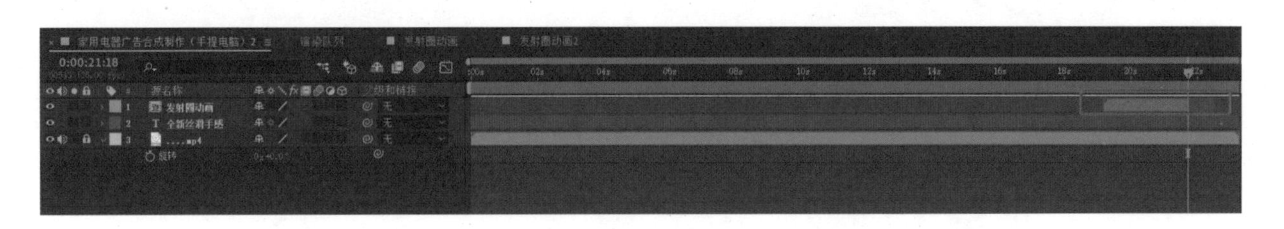

图 4-63 制作第二个发射圈 2

步骤七：检视合成效果，进行微调，确认导出视频，旋转“文件”—“导出”，如图 4-64 和图 4-65 所示。

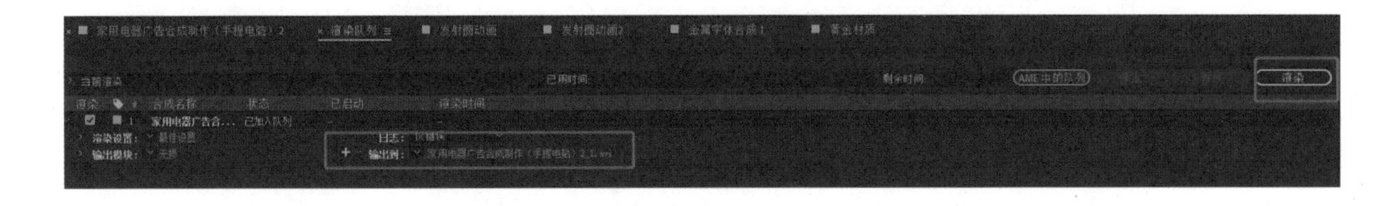

图 4-64 检视合成效果 1

图 4-65 检视合成效果 2

三、学习任务小结

通过本次课的学习，同学们已经掌握了家用电器电视广告合成制作的视频剪辑方法和步骤，以及使用After Effects制作特效的方法和步骤。课后，大家要对本次课所学的方法和命令进行反复练习，做到熟能生巧。

四、课后作业

完成一个旅游广告的合成制作。

扫描二维码可观看
汽车电视广告的合成制作

项目五
栏目片头的制作

文化类栏目的片头制作

教学目标

（1）专业能力：能认识颜色遮罩、混合模式；能掌握颜色遮罩、混合模式的具体使用方法和技巧。

（2）社会能力：了解颜色遮罩、混合模式等相关后期知识的学习要求，掌握视频创意制作技巧，能够将所学应用于影视后期合成的实际案例中。

（3）方法能力：提高学生的自主学习能力，培养学生的分析应用能力和创造性思维能力。

学习目标

（1）知识目标：认识颜色遮罩、混合模式，掌握各种颜色遮罩、混合模式的具体使用方法和技巧。

（2）技能目标：能够识记颜色遮罩的创建方法和各种视频特效的大类划分，掌握混合模式的设置技巧。

（3）素质目标：能够清晰识记各概念，增强观察力和记忆力，养成良好的团队协作能力和语言表达能力以及综合职业能力。

教学建议

1. 教师活动

（1）教师通过前期录制的讲解视频对相关知识点进行基本展示，提高学生对颜色遮罩、混合模式的直观认识。同时，运用多媒体课件、教学视频等多种教学手段，讲授本节课基础知识，指导学生正确操作。

（2）教师在授课中对各知识点进行分析讲解，引导学生将讲授内容进行对比，更好地识记、理解。

（3）教师通过对知识点的讲解展示，让学生感受各工具的使用技巧。

2. 学生活动

（1）看教师示范颜色遮罩、混合模式的具体使用方法，并进行课堂练习。

（2）学生在教师的组织和引导下完成颜色遮罩、混合模式的学习任务，进行自评、互评、教师点评等。

一、学习问题导入

在制作栏目片头时，我们有时想做一个渐变背景，从而慢慢地进入后面的制作过程，那么这种渐变背景的制作是如何实现的呢？今天就让我们一起来学习吧。

二、学习任务讲解

文化类栏目的片头制作步骤如下。

步骤一：启动 Premiere，点击“新建项目”按钮，如图 5-1 所示，弹出“新建项目”窗口。

步骤二：将项目保存位置修改为自己想要的盘符目录位置，项目名称修改为“水墨文脉”，如图 5-2 所示。

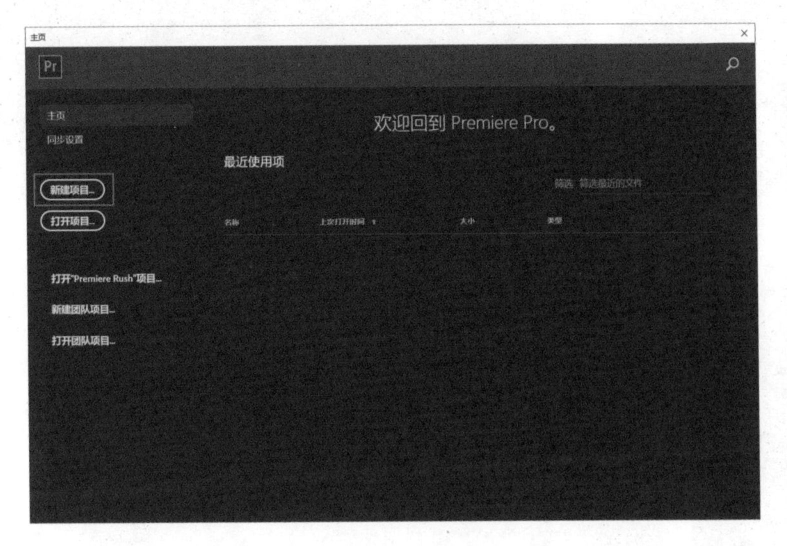

图 5-1 单击“新建项目”按钮

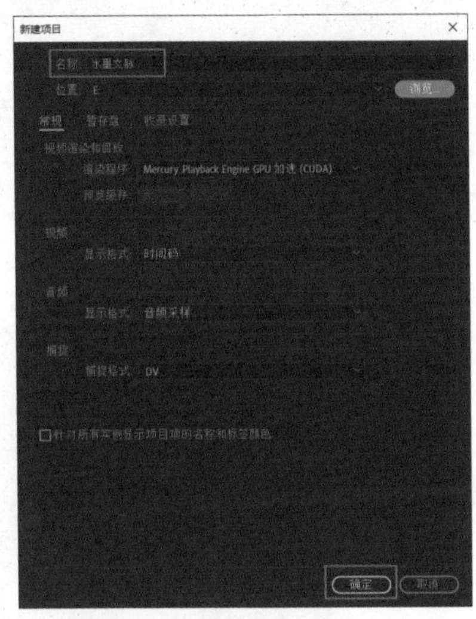

图 5-2 设置“新建项目”存储路径

步骤三：项目创建完成后，单击主菜单栏“文件”选择“新建”按钮或按 Ctrl+N 组合键，创建新的序列，如图 5-3 所示。

步骤四：左键单击设置，渲染模式选择“自定义”，时基选择“30.00 帧 / 秒”，帧大小修改为“1920×1080”，像素长宽比选择“方形像素”，场选择“无场”，序列名称设置完成后单击“确定”，如图 5-4 所示。

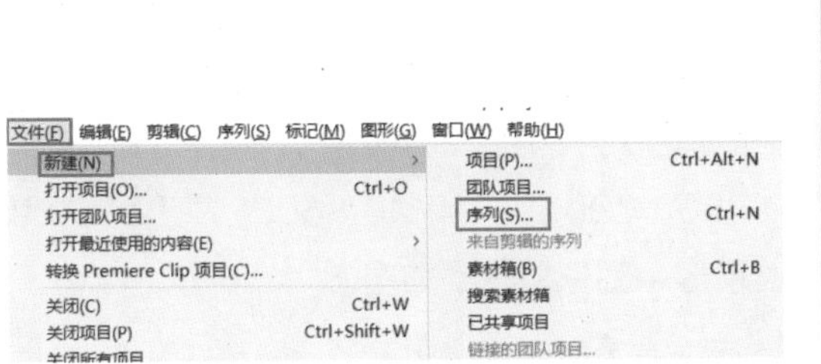

图 5-3 单击“序列”命令

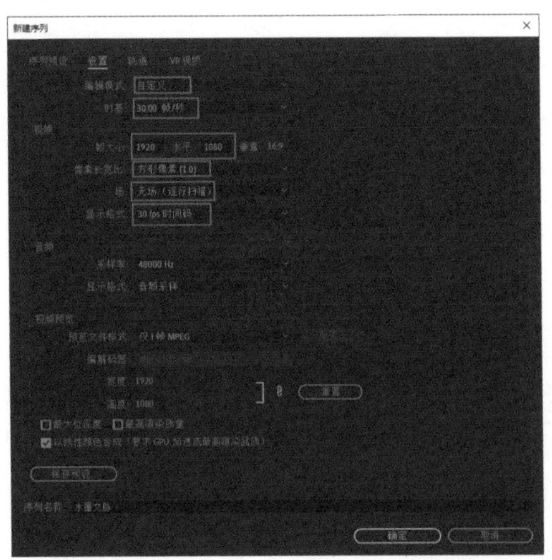

图 5-4 进行“序列”设置

步骤五：在项目面板右下方单击“新建项”创建“颜色遮罩”。如图 5-5 所示。

步骤六：将“颜色遮罩”拖拽到“时间线”面板的“V1”轨道中，将“颜色遮罩”延长至“00:00:24:00”处，如图 5-6 所示。在“效果”面板找到“视频效果”—“生成”—“渐变”，在效果控件将“渐变起点”调整为（960，540），“起始颜色”设置“白色”，“渐变终点”调整为 (1900,1080),“结束颜色”设置为“#5B6D74”，“渐变形状”选择“径向渐变”。如图 5-7 所示。

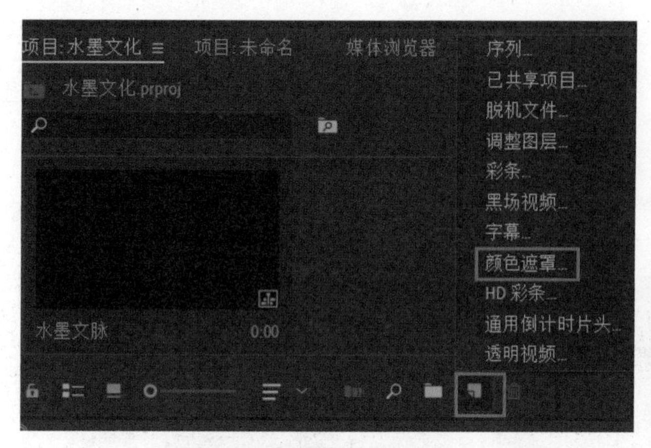

图 5-5 创建“颜色遮罩”

图 5-6 将“颜色遮罩”拖拽到时间线

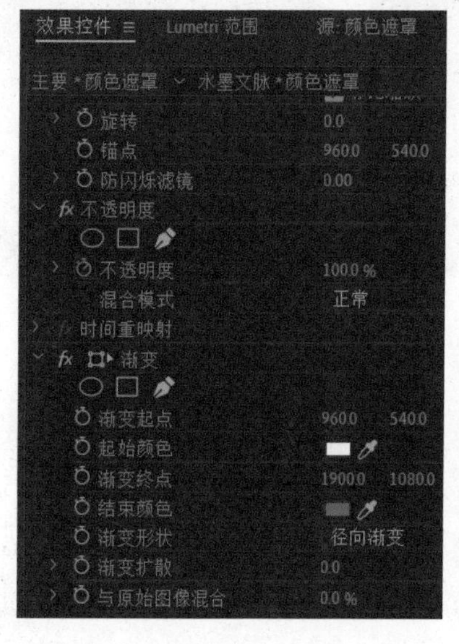

图 5-7 为“颜色遮罩”添加“渐变”效果

步骤七：左键单击主菜单栏“文件”-“导入”命令或按 Ctrl+I 组合键，弹出“导入”对话框，在该对话框中选择“素材—水墨文脉—云 1.png”。如图 5-8 所示。

步骤八：将“云 1”拖拽到“时间线”面板的“V1”轨道中，添加“效果”—“视频效果”—“透视”—“基本 3D”，设置“倾斜”为“-80°”，如图 5-9 所示。

步骤九：单击“云 1.png”，按住 Alt 键向上拖动将其复制四份。如图 5-10 所示。

步骤十：按照顺序设置轨道“V2”—“V6”轨道的缩放属性为“60”“40”“30”“50”“50”，位置属性设置为“（640，940）”“（430，810）”“（1330，790)”“(1730,860)”“（2060,940）”，“不透明度”属性中的“混合模式”选择“柔光”节目监视器中图像显示，如图 5-11 所示。

步骤十一：选中轨道“V2”—“V6”，右键单击件选择嵌套，如图 5-12 所示。嵌套序列名称改为水面云，如图 5-13 所示。

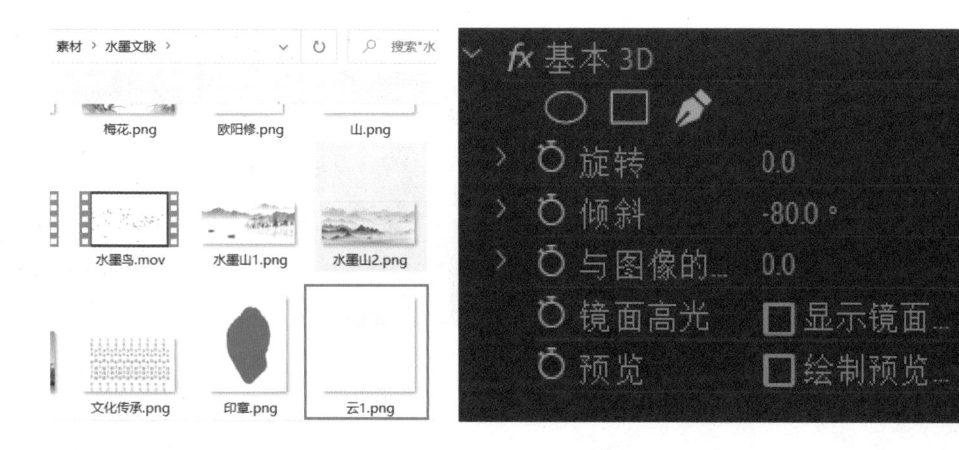

图 5-8 导入云素材　　　　图 5-9 为云素材添加“基本 3D”效果

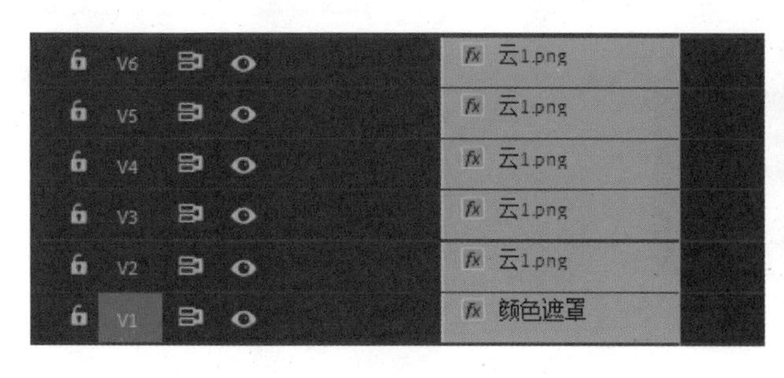

图 5-10“复制”图像

图 5-11 制作水面云

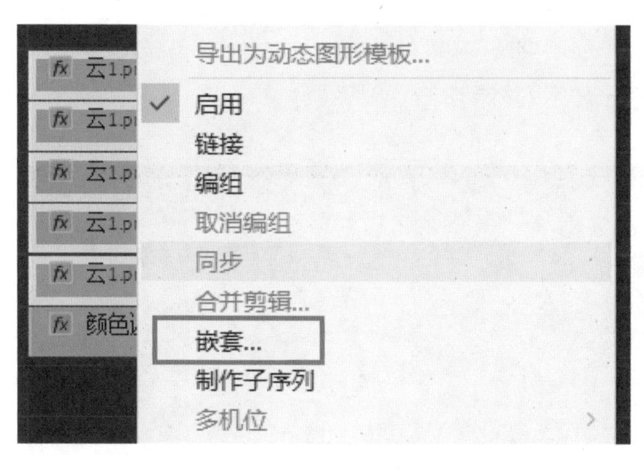

图 5-12 图像“嵌套”

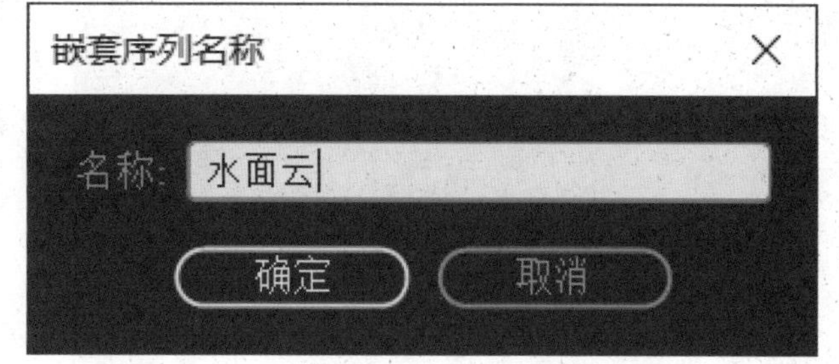

图 5-13 设置“嵌套序列名称”

步骤十二：将“云 1.png”拖到时间线面板的“V3”轨道上，延长至“00:00:24:00”，如图 5-14 所示。左键单击“云 1.png”，按住 Alt 键向上拖动将其复制四份。按照顺序设置“V3”—“V6”轨道图像的缩放属性：“25”“30”“25”“35”“10”。位置属性设置为“（340，390）”“（335，350）”“（1470，360）”“（1830，450）”“（1100，370）”，节目监视器中图像显示如图 5-15 所示。

步骤十三：选中轨道“V3”—“V7”的图像，右键单击选择嵌套，嵌套序列名称改为“天空云”，如图 5-16 所示。

步骤十四：左键单击主菜单栏“文件”-“导入”命令或按 Ctrl+I 组合键，弹出“导入”对话框，在该对话框中选择“素材—水墨文脉—云 2.png”，如图 5-17 所示。

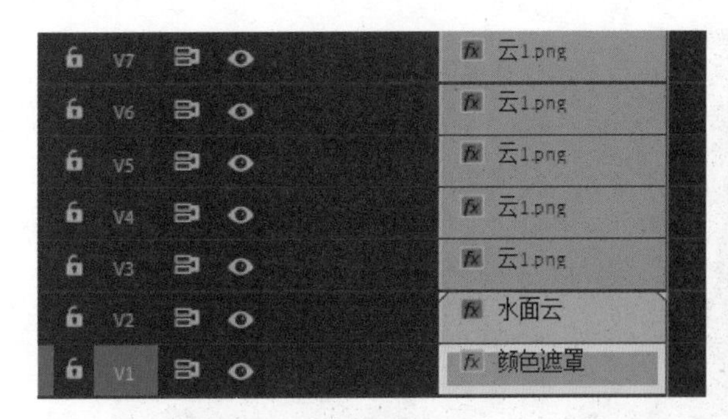

图 5-14 “复制”图像

图 5-15 制作天空云

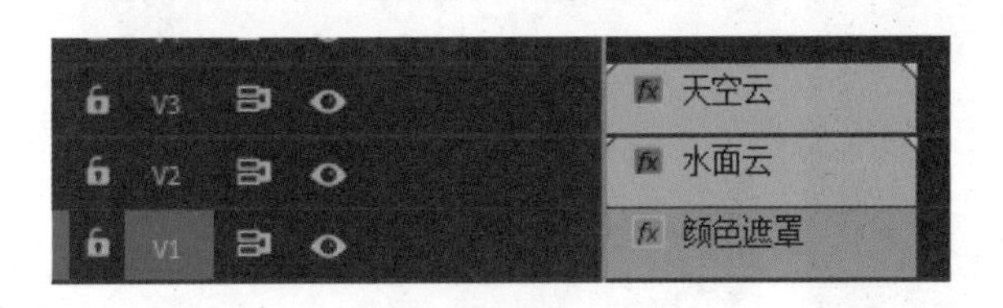

图 5-16 设置天空云“嵌套”

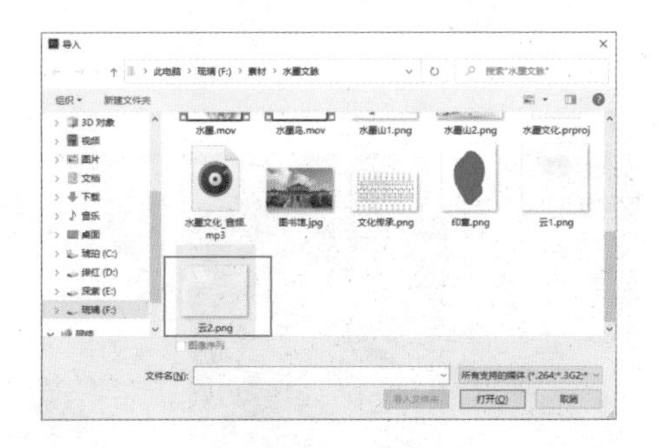

图 5-17 导入云雾素材

步骤十五：将“云 2.png”拖到时间线面板的“V4”轨道上，延长至“00:00:24:00”，单击“云 2.png”，在“效果控件”面板的“不透明度”属性“创建椭圆形蒙版”，“蒙版羽化”设置为“250.0”，“蒙版扩展”设置为“350.0”，如图 5-18 所示。节目监视器中图像显示如图 5-19 所示。

图 5-18 创建“椭圆形蒙版”

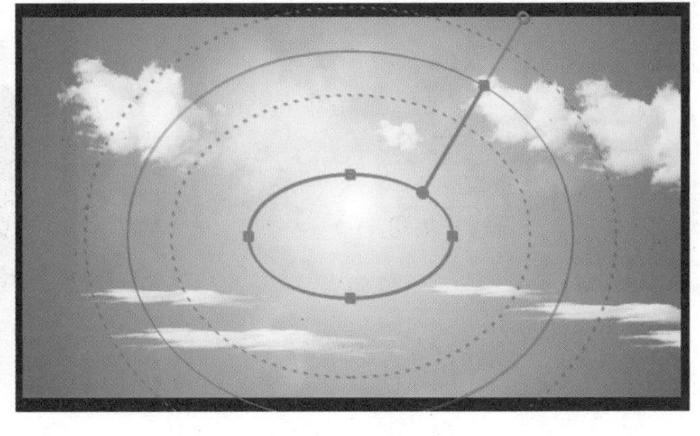

图 5-19 云雾

步骤十六：左键单击“云 2.png”按住 Alt 键向上拖动将其复制三份。如图 5-20 所示。按照顺序设置“V4”—“V7”轨道图像的“缩放”属性：“20”“40”“25”“25”。“位置”属性设置为“（130，425）”“（1400，540）”“（510，580）”“（1960，580）”。节目监视器中图像显示如图 5-21 所示。

步骤十七：选中轨道“V3”—“V7”的图像，右键选择嵌套，嵌套序列名称改为“云雾”，如图 5-22 所示。

步骤十八：单击主菜单栏“文件”-“导入”命令或按 Ctrl+I 组合键，弹出“导入”对话框，在该对话框中选择“素材—水墨文脉—文化传承 .png”，如图 5-23 所示。

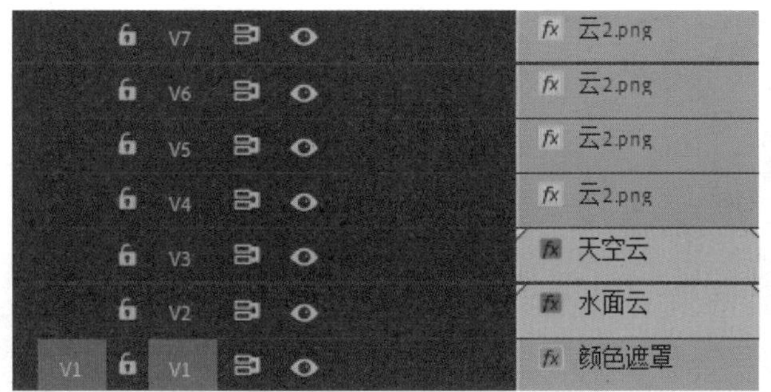

图 5-20“复制”图像

图 5-21 制作云雾

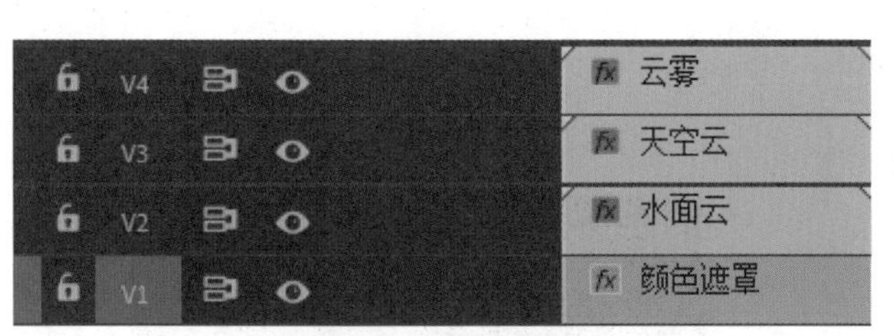

图 5-22 设置云雾“嵌套”

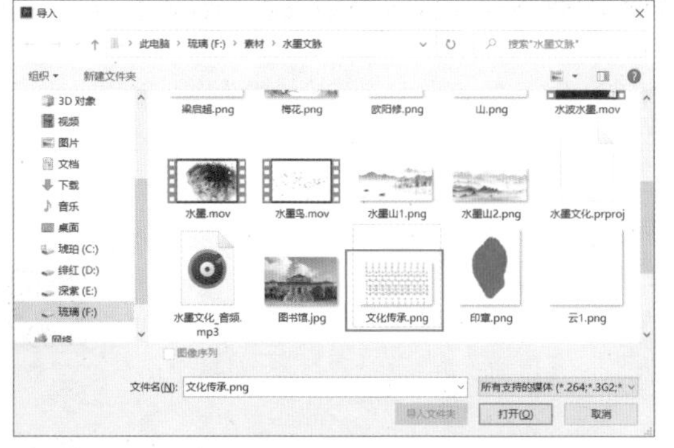

图 5-23 导入水面文字素材

步骤十九：左键单击“文化传承 .png”按住 Alt 键向上拖动将其复制一份，如图 5-24 所示，“V6 轨道”图像的“位置”属性设置为“（1040，1410）”，选中轨道“V5”与“V6”的图像，右键单击选择嵌套，嵌套序列名称改为“文化传承”，设置“位置属性”为“（960，845）”，“不透明度”为“50”，“混合模式”选择“柔光”，如图 5-25 所示。

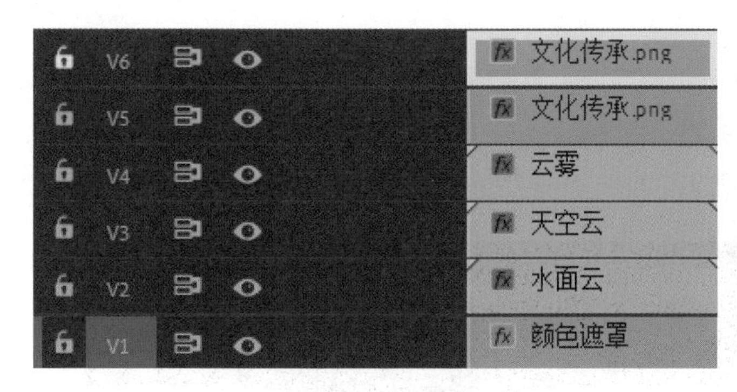

图 5-24“复制”图像

图 5-25 设置“混合模式”

步骤二十：添加“效果”—“视频效果”—“透视”—“基本 3D”，设置“倾斜”为“-80°”，“与图像的距离”设置为“-50”，添加“效果”—“视频效果”—“扭曲”—“边角定位”，设置“左上”为“（75，0）”，“右上”为“（1870，0）”，如图 5-26 所示。节目监视器中图像显示如图 5-27 所示。

步骤二十一：左键单击主菜单栏“文件”-“导入”命令或按 Ctrl+I 组合键，弹出“导入”对话框，在该对话框中选择“素材—水墨文脉—滴墨 .mov”，如图 5-28 所示。

步骤二十二：左键单击“播放指示器”，图 5-29 所示。设置时间为“00:00:01:00”，左键单击“工具栏”或按快捷键 C 左键单击时间线对“滴墨 .mov”进行裁剪，如图 5-30 所示。删除前一部分，将“滴墨 .mov”拖至“00:00:00:00”处或左键单击空白处按 Delete 键。

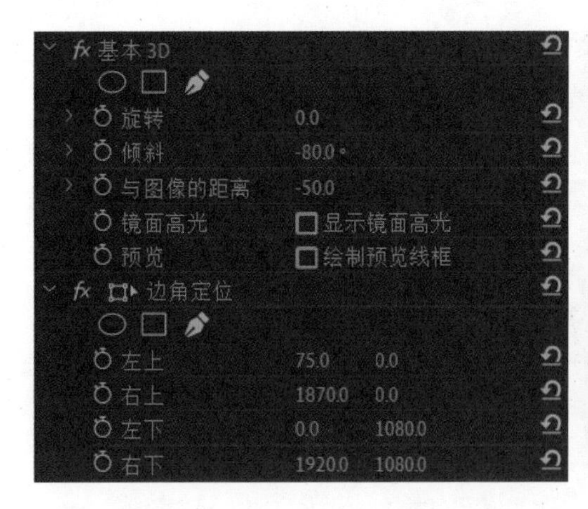

图 5-26 添加“基本 3D”与“边角定位”效果

图 5-27 制作“水面文字”

图 5-28 导入“滴墨”素材

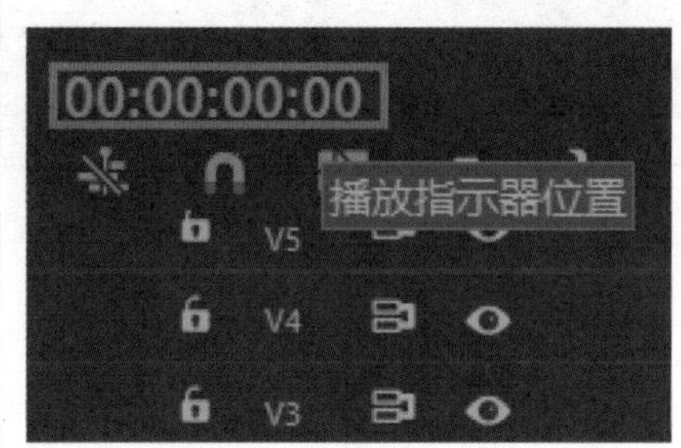

图 5-29 播放指示器

步骤二十三：右键单击“滴墨 .mov”选择帧定格选项，定格位置选择序列时间码，如图 5-31 所示，单击“确定”，将素材延长至“00:00:24:00”。

步骤二十四：打开“文化传承嵌套”的“效果控件”面板，左键点击“基本 3D”效果，使用 Ctrl+C 与 Ctrl+V 组合键复制给“滴墨 .mov”，将“与图像的距离”设置为“0.0”，如图 5-32 所示。

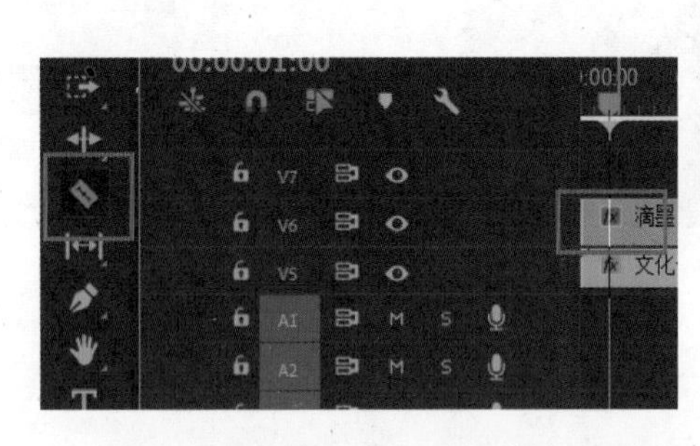

图 5-30 “裁剪”素材

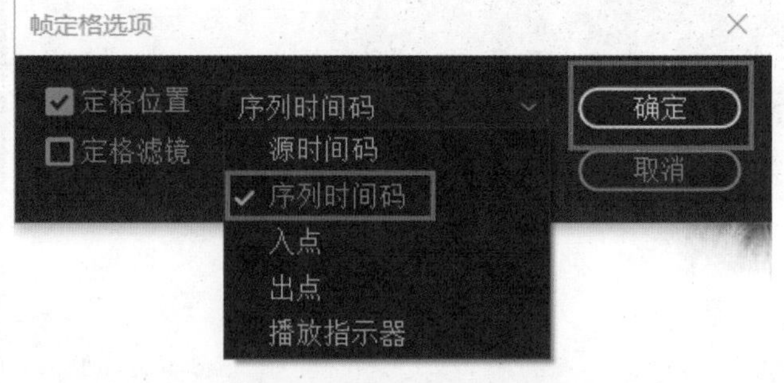

图 5-31 “帧定格”设置

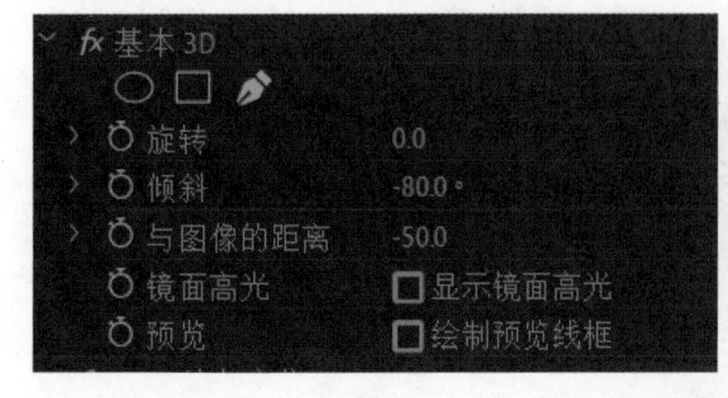

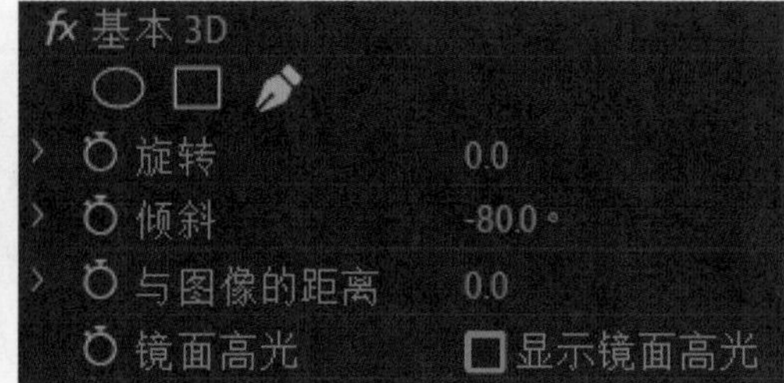

5-32 复制“效果”

步骤二十五：左键单击“滴墨 .mov”按住 Alt 键向上拖动将其复制两份，如图 5-33 所示，按照顺序设置“V6”—“V8”轨道图像的“缩放”属性：“110”“60”“60”。“位置”属性设置为“（-230，890）”“（260，760）”“（1670，860）”。选中轨道“V6”—“V8”的图像，右键单击选择嵌套，嵌套序列名称改为“滴墨”，打开“效果控件”面板“不透明度”属性的“混合模式”，选择“变暗”，添加“效果”—“视频效果”—“模糊与锐化”—“方向模糊”，“模糊长度”设置为“10”，节目监视器中图像显示。如图 5-34 所示。

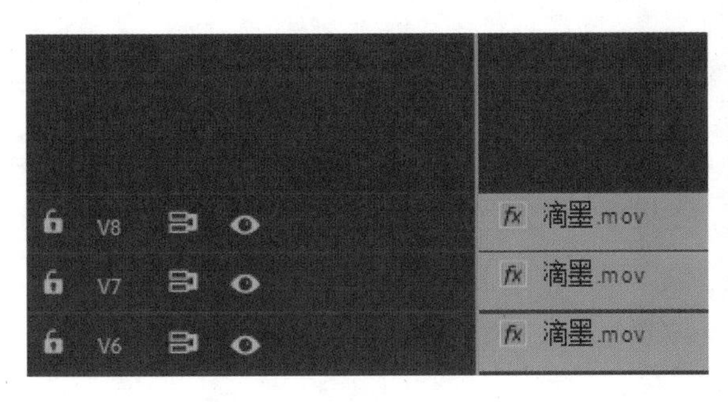

图 5-33 复制“素材”

图 5-34 制作“水面滴墨”

步骤二十六：左键单击主菜单栏“文件”-“导入”命令或按 Ctrl+I 组合键，弹出“导入”对话框，在该对话框中选择“素材—水墨文脉—水墨山 1.png”，如图 5-35 所示。

步骤二十七：将“水墨山 1.png”拖到时间线面板的“V7”轨道上，延长至“00:00:24:00”，单击“水墨山 1.png”，在“效果控件”面板设置”位置”属性为“（1550，620）”，“缩放”属性设置为“25”，“不透明度”属性设为“创建 4 点多边形蒙版”，“蒙版羽化”设置为“600.0”，“蒙版扩展”设置为“500.0”，如图 5-36 所示。节目监视器中图像显示如图 5-37 所示。

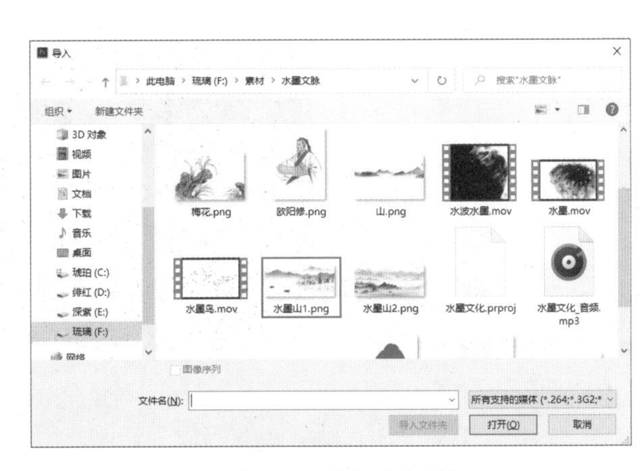

图 5-35 导入“素材”

图 5-36 创建多边形蒙版

图 5-37 水墨山

步骤二十八：左键单击“水墨山 1.png”按住 Alt 键向上拖动将其复制一份，左键点击上方“水墨山 1.png”，在“效果控件”面板设置“位置”属性为“（780，620）”，选中轨道中两个“水墨山 1.png”图像，右键单击选择嵌套，嵌套序列名称改为“水墨山 1”，如图 5-38 所示。

步骤二十九：左键单击主菜单栏“文件”-“导入”命令或按 Ctrl+I 组合键，弹出“导入”对话框，在该对话框中选择“素材—水墨文脉—水墨山 2.png”，如图 5-39 所示。

图 5-38 水墨山 1

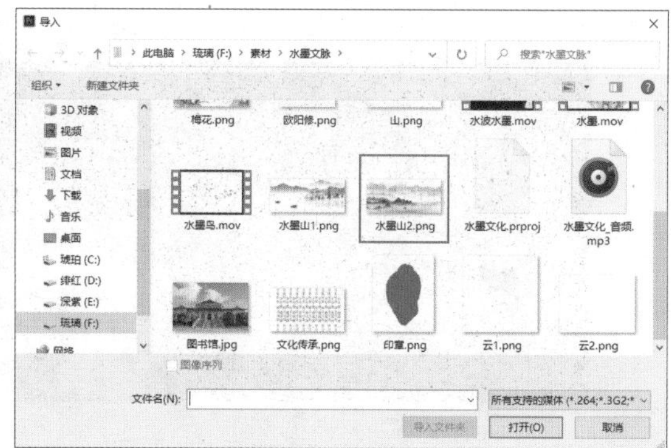

图 5-39 导入素材

步骤三十：将“水墨山 2.png”拖到时间线面板的“V8”轨道上，延长至“00:00:24:00”，单击“水墨山 2.png”，在“效果控件”面板设置“位置”属性为“（330，540）”，“缩放”属性设置为“25”，“不透明度”属性为“创建多边形蒙版”，“蒙版羽化”设置为“700.0”，“蒙版扩展”设置为“500.0”，如图 5-40 所示。节目监视器中图像显示如图 5-41 所示。

图 5-40 水墨山 2

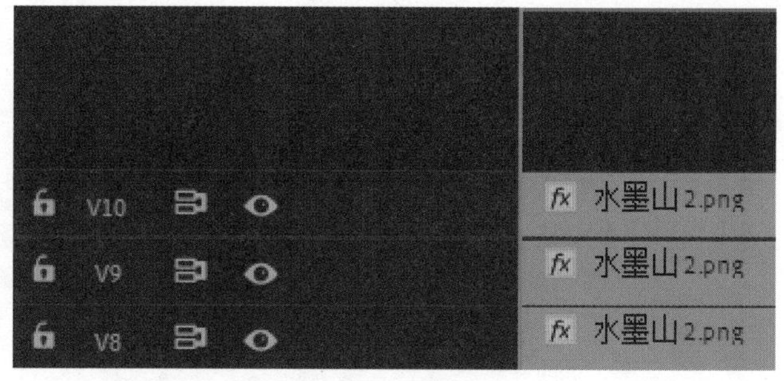

图 5-41 “复制”图像

步骤三十一：左键单击“水墨山 1.png”按住 Alt 键向上拖动将其复制两份，如图 1-41 所示，按照顺序设置“V9”与“V10”轨道图像的位置”属性设置为“（1325，540）”“（2000，540）”。选中轨道“V8”—“V10”的图像，右键单击选择嵌套，嵌套序列名称改为“水墨山 2”，节目监视器中图像显示如图 5-42 所示。

步骤三十二：左键单击主菜单栏“文件”-“导入”命令或按 Ctrl+I 组合键，弹出“导入”对话框，在该对话框中选择“素材—水墨文脉—山 .png”，如图 5-43 所示。

步骤三十三：将“山 .png”拖到时间线面板的“V9”轨道上，延长至“00:00:24:00”，在“效果控件”面板设置“位置”属性为“（2140，780）”，“缩放”属性设置为“50”，“不透明度”属性“创建多边形蒙版”，“蒙版羽化”设置为“750.0”，“蒙版扩展”设置为“800.0”，添加“效果”—“视频效果”—“颜色校正”—“色调”，添加“效果”—“视频效果”—“颜色校正”—“亮度与对比度”，将“亮度”设置为“-20”，“对比度”设置为“15”，效果如图 5-44 所示。

图 5-42 水墨山

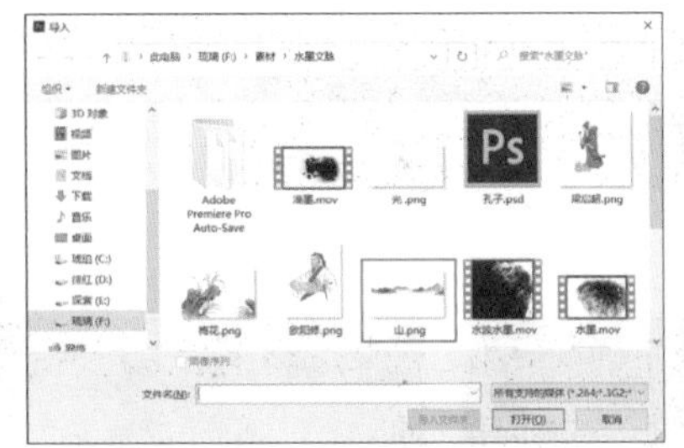

图 5-43 导入素材

图 5-44 制作水墨山的山

步骤三十四：左键单击“山 .png”按住 Alt 键向上拖动将其复制一份，左键点击上方“山 .png”，在“效果控件”面板设置“位置”属性为“（-350，780）”，选中轨道中两个“山 .png”图像，右键单击选择嵌套，嵌套序列名称改为“水墨山 3”。

步骤三十五：选择所有轨道，右键单击选择嵌套，嵌套序列名称改为“镜头 1”，如图 5-45 所示。

步骤三十六：打开“镜头 1”，左键单击主菜单栏“文件”-“导入”命令或按 Ctrl+I 组合键，弹出“导入”对话框，在该对话框中选择“素材—水墨文脉—水墨 .mov”，如图 5-46 所示。

步骤三十七：将“水墨 .mov”拖到时间线面板的“V10”轨道上，在“效果控件”面板设置位置属性为“（825，800）”，不透明度的混合模式选择“变暗”，打开“文化传承嵌套”的“效果控件”面板，左键点击“基本 3D”效果，使用 Ctrl+C 与 Ctrl+V 组合键复制给“水墨 .mov”，将“与图像的距离”设置为“50”，节目监视器中图像显示如图 5-47 所示。

图 5-45 进行嵌套

图 5-46 导入素材

图 5-47 水墨山的水墨效果

步骤三十八：左键单击主菜单栏“文件”-“导入”命令或按 Ctrl+I 组合键，弹出“导入”对话框，在该对话框中选择“素材—水墨文脉—孔子 .psd”，打开弹出“导入分层文件”窗口，“导入为”选择“合并所有图层”后点击“确定”，如图 5-48 所示。

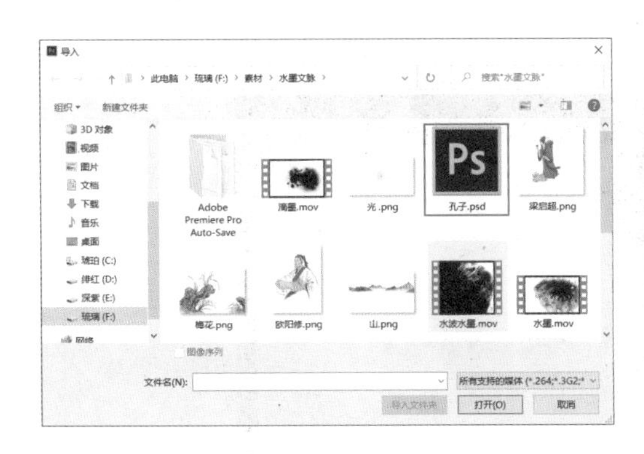

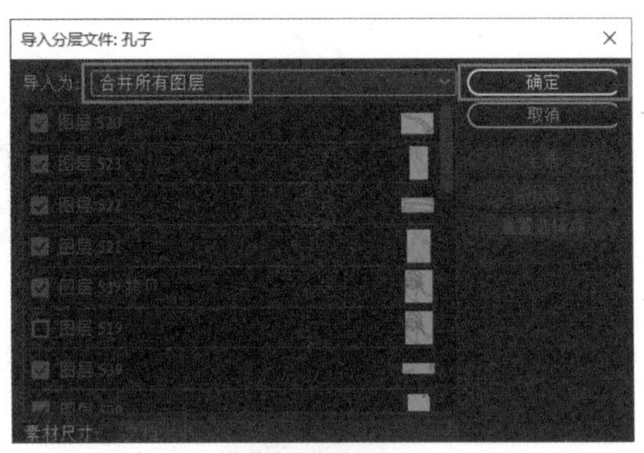

图 5-48 导入素材

步骤三十九：将“孔子 .psd”拖到时间线面板的“V11”轨道上，调整素材持续时间至与下方素材相同，如图 5-49 所示。在“效果控件”面板设置“缩放”属性为“25”，“不透明度”属性点击钢笔进行绘制蒙版，节目监视器中图像显示如图 5-50 所示。

图 5-49 调整素材持续时间

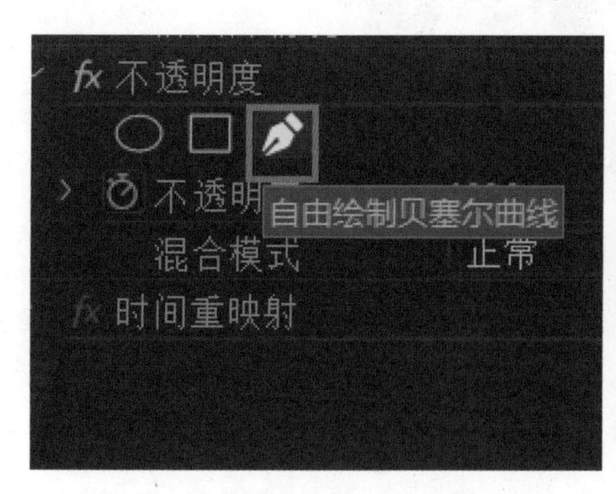

图 5-50 “绘制”蒙版

步骤四十：左键单击主菜单栏“文件”-“导入”命令或按 Ctrl+I 组合键，弹出“导入”对话框，在该对话框中选择“素材—水墨文脉—水波水墨 .mov”，如图 5-51 所示。

步骤四十一：将“水波水墨 .mov”拖到时间线面板的“V12”轨道上，左键单击“播放指示器”，设置时间为“00:00:01:15”，左键单击“工具栏”或按快捷键 C，左键单击时间线对“水波水墨 .mov”进行“裁剪”，如图 5-52 所示。在“效果控件”面板设置“缩放”属性为“150 ”，添加“效果”—“视频效果”—“变换”—“垂直翻转”，如图 5-53 所示。

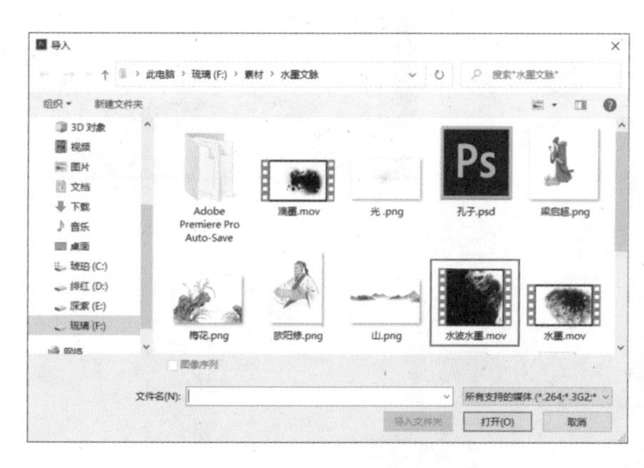

图 5-51 导入素材

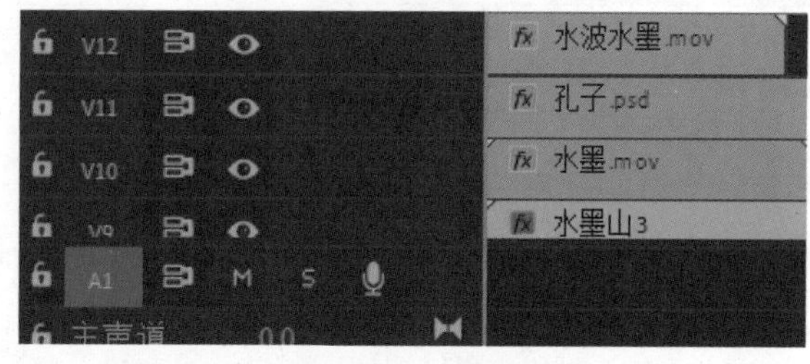

图 5-52 裁剪素材

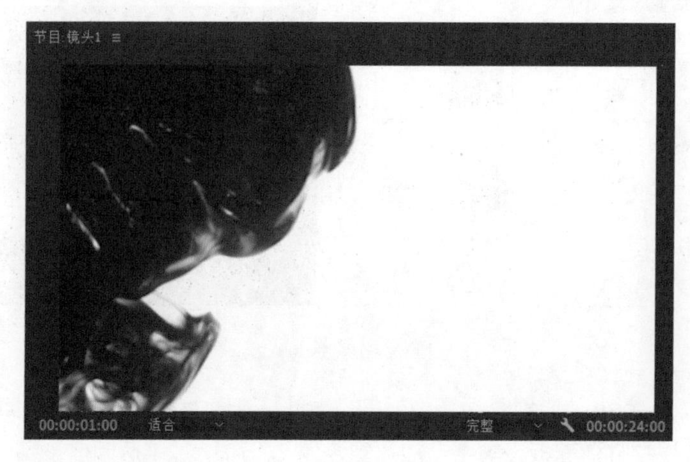

图 5-53 添加“垂直翻转”效果

步骤四十二：点击“孔子 .psd”，添加“效果”—“视频效果”—“键控”—“轨道遮罩键”，“遮罩”选择“视频 12”，“合成方式”选择“亮度遮罩”，勾选“反向”，如图 5-54 所示。节目监视器中图像显示如图 5-55 所示。

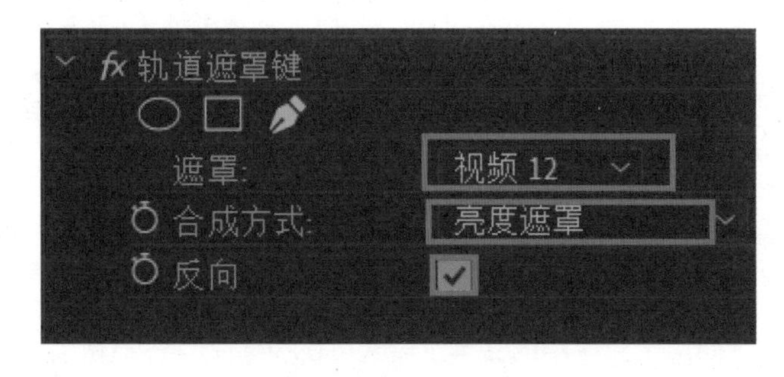

图 5-54 添加轨道遮罩键效果

图 5-55 制作水墨遮罩效果

步骤四十三：左键单击主菜单栏“文件”-“导入”命令或按 Ctrl+I 组合键，弹出“导入”对话框，在该对话框中选择“素材—水墨文脉—梅花 .png”，如图 5-56 所示。

步骤四十四：将“梅花 .png”拖到时间线面板的“V13”轨道上，调整素材持续时间至与下方素材相同，在“效果控件”面板设置“缩放”属性为“25”，添加“效果”—“视频效果”—“变换”—“水平翻转”。“不透明度”属性设置为“60”，点击钢笔绘制蒙版，节目监视器中图像显示，如图 5-57 所示。“位置”属性设置为“（1580，900）”。

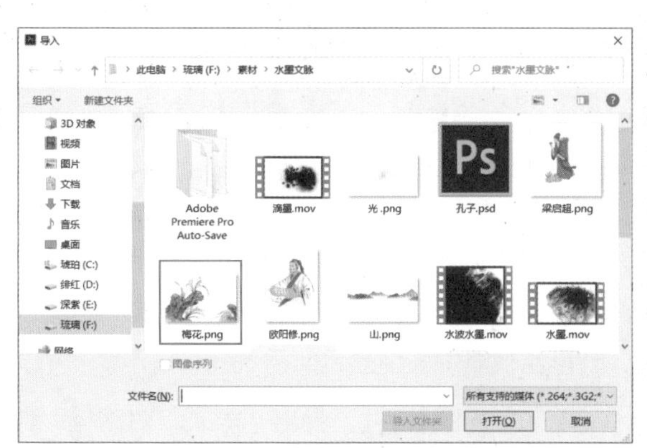

图 5-56 导入素材

图 5-57 绘制蒙版

步骤四十五：左键单击“梅花 .png”，按住 Alt 键向上拖动将其复制一份，在“效果控件”面板设置“位置”属性为“（156，90）”，选中轨道中两个“梅花 .png”图像，右键单击选择嵌套，嵌套序列名称改为“梅花”，在“效果控件”面板设置“位置”属性为“（890，490）”，“缩放”属性设置为“85”。

步骤四十六：左键单击将“水波水墨 .mov”“梅花 .png”，按住 Alt 键向上拖至“梅花 .png”上方将其复制一份，右键点击“V14”轨道的“水波水墨 .mov”，选择“速度 / 持续时间”，弹出持续时间面板，将速度设置为 150%, 在“效果控件”面板设置“位置”属性为“（1500，540）”，打开“孔子 .psd”的“效果控件”面板，左键点击“轨道遮罩键”效果，使用 Ctrl+C 与 Ctrl+V 组合键复制给“梅花嵌套”，“遮罩”选择“视频 14”节目监视器中图像显示如图 5-58 所示。

步骤四十七：安装文件夹“素材—水墨文脉”中的“字体”，如图 5-59 所示。

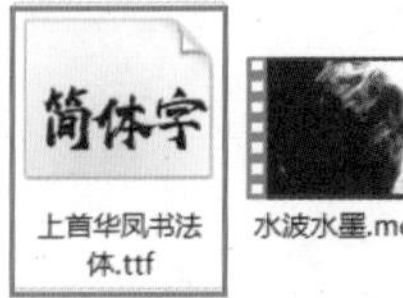

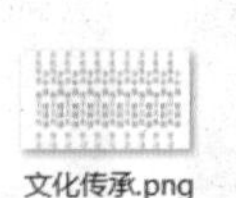

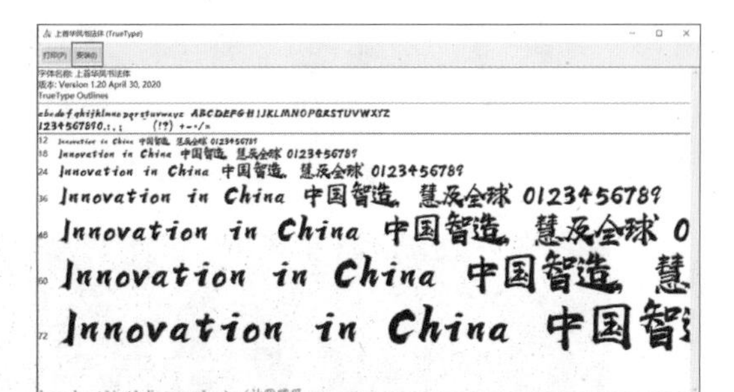

图 5-58 制作水墨遮罩效果　　　　图 5-59 安装字体

步骤四十八：将时间线移至“00:00:01:10”处，使用工具栏中的文字工具或按快捷键 T 点击节目监视器，如图 5-60 所示。输入文字“孔”，选择文字“孔”在效果控件面板，设置安装的文字体大小为“150”，“填充”设置为“黑色”，如图 5-61 所示。左键单击文字“孔”，按住 Alt 键向上拖动将其复制一份，左键双击“节目监视器”中文字“孔”，输入文字“子”，调整文字位置如图 5-62 所示。选择“孔”“子”延长至“00:00:08:00”后单击右键选择嵌套，嵌套序列名称改为“孔子”，调整位置与缩放，节目监视器中图像显示如图 5-63 所示。

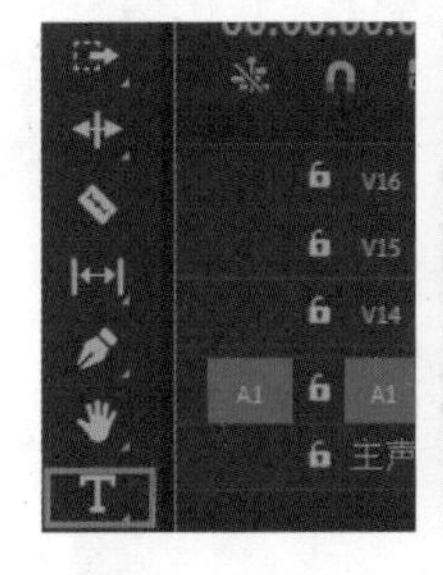

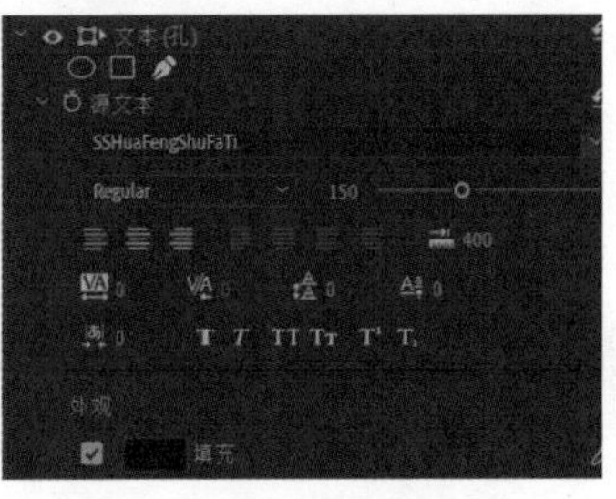

图 5-60 选择“文字工具”　图 5-61 设置“文字”　图 5-62 调整“文字”1　图 5-63 调整“文字”2

步骤四十五：左键单击主菜单栏“文件”-“导入”命令或按 Ctrl+I 组合键，弹出“导入”对话框，在该对话框中选择“素材—水墨文脉—中国文化 .png”。将“中国文化 .png”拖到时间线面板的“V16”轨道上，如图 5-64 所示。延长至“00:00:08:00”调整位置与缩放，节目监视器中图像显示如图 5-65 所示。

步骤四十六：左键单击主菜单栏“文件”-“导入”命令或按 Ctrl+I 组合键，弹出“导入”对话框，在该对话框中选择“素材—水墨文脉—光 .png”，将“光 .png”拖到时间线面板的“V17”轨道上，在“效果控件”“不透明度”属性中“混合模式”选择“叠加”，延长至“00:00:08:00”，调整“位置”与“缩放”，节目监视器中图像显示如图 5-66 所示。

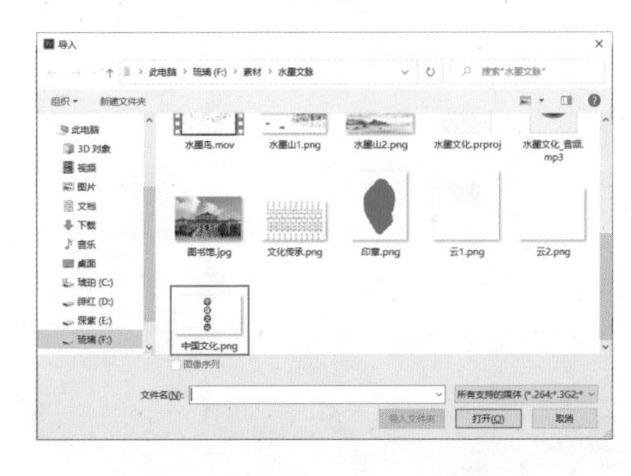

图 5-64 导入素材　　　　图 5-65 调整位置与缩放　图 5-66 调整位置与缩放

步骤四十七：左键单击主菜单栏“文件”-“导入”命令或按 Ctrl+I 组合键，弹出“导入”对话框，在该对话框中选择“素材—水墨文脉—印章 .png”，将“印章 .png”拖到时间线面板的“V18”轨道上，延长至“00:00:08:00”，使用工具栏中的文字工具或按快捷键 T 点击节目监视器，输入文字“文化传承”，字体选择“Microsoft YaHei”，调整“位置”与“缩放”，延长至“00:00:08:00”，使用“垂直文字工具”，输入“ZHONG GUO WEN HUA”，调整“位置”与“缩放”，延长至“00:00:08:00”，输入节目监视器中图像显示，如图 5-67 所示。延长至“00:00:08:00”，选择文字“文化传承”和“印章 .png”，单击右键选择嵌套，嵌套序列名称改为“文化传承”。

步骤四十八：选择孔子嵌套、文化传承 .png、光 .png、文化传承嵌套，点击右键选择嵌套，嵌套序列名称改为“孔子 2”。

步骤四十九：按住 Alt 键单击“V12”轨道的“水波水墨 .mov”，向上拖至“孔子 2”上方将其复制一份，调整持续时间如图 5-68 所示。

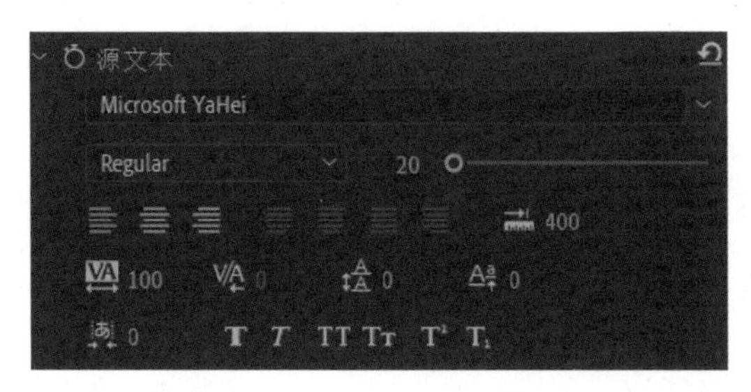

图 5-67 选择字体

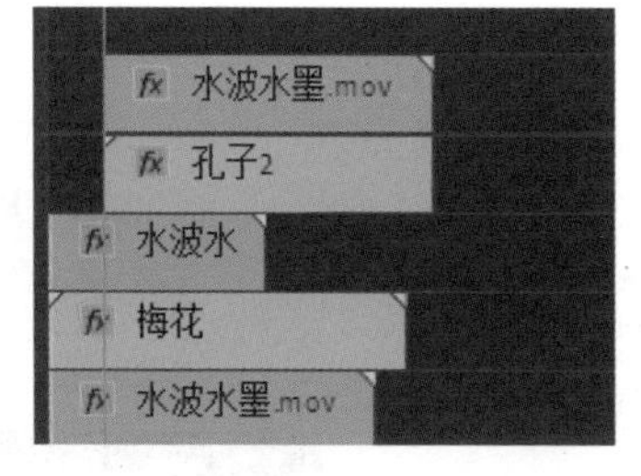

图 5-68 调整持续时间

步骤五十：打开“孔子 .psd”的“效果控件”面板，左键点击“轨道遮罩键”效果，使用 Ctrl+C 与 Ctrl+V 组合键复制给“孔子 2 嵌套”，“遮罩”选择“视频 14”节目监视器中图像显示，如图 5-69 所示。

图 5-69 制作水墨遮罩效果

步骤五十一：打开“天空云嵌套”，确认时间线在“00：00：00：00”，为所有素材的“位置”与“缩放”属性添加关键帧，将时间线拖至“00：00：01：10”处，将“V3”轨道的“云 1.png”的位置属性设置为“（550，430）”，缩放设置为“20”，V4 轨道的“云 1.png”的位置属性设置为“（145，430）”，缩放设置为“40”，V5 轨道的“云 1.png”的位置属性设置为“（1655，250）”，缩放设置为“30”，“V6”轨道的“云 1.png”的位置属性设置为“（2000，430）”，缩放设置为“55”，“V7”轨道的“云 1.png”，缩放设置为“9”，选择 V6 轨道的“云 1.png”，在“00：00：06：10”为“不透明度”属添加关键帧，将时间线拖至“00：00：06：15”，“不透明度”属性设置为 0，预览视频。如图 5-70 所示。

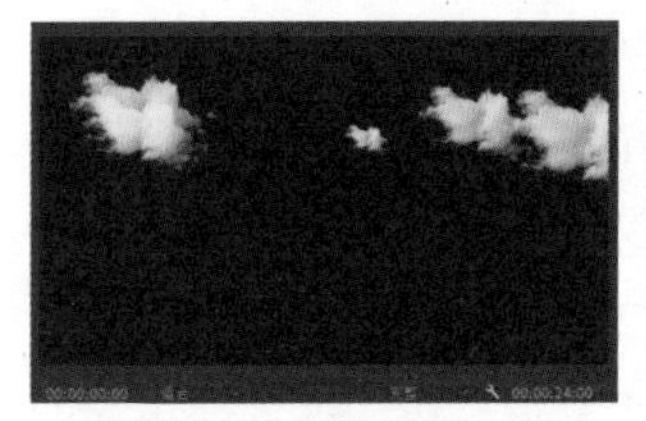   

图 5-70 制作“移动”关键帧动画

步骤五十二：左键单击“水墨山 1 嵌套”，确认时间线在“00：00：00：00”，为缩放属性添加关键帧，将时间线拖至“00：00：01：10”，缩放设置为“80”，将时间线拖回“00：00：00：00”，选择两个关键帧，用 Ctrl+C 与 Ctrl+V 组合键复制给“水墨山 2 嵌套”。

步骤五十三：左键单击“水墨山 1 嵌套”，确认时间线在“00：00：00：00”，为缩放属性与不透明度属性添加关键帧，将时间线拖至“00：00：01：10”，缩放设置为“128”，不透明度属性设置为“0”。

步骤五十四：回到“水墨文脉序列”，左键单击“镜头 1”，确认时间线在“00：00：00：00”，为缩放属性添加关键帧，将时间线拖至“00：00：01：10”，缩放设置为“150”，将时间线拖至“00：00：08：00”，缩放属性设置为“165”，右键单击中间的关键帧，选择“贝塞尔曲线”，如图 5-71 所示。

步骤五十五：打开“镜头 1”，将时间线拖至“00：00：06：10”，左键单击“水面云嵌套”在效果面板为“位置”属性添加关键帧，将时间下拖至“00：00：07：10”，将位置属性设置为“（-570，540）”，选择两个“关键帧”右键选择临时插值—贝塞尔曲线，点击位置属性左边的“>”调整曲线。如图 5-72 所示。

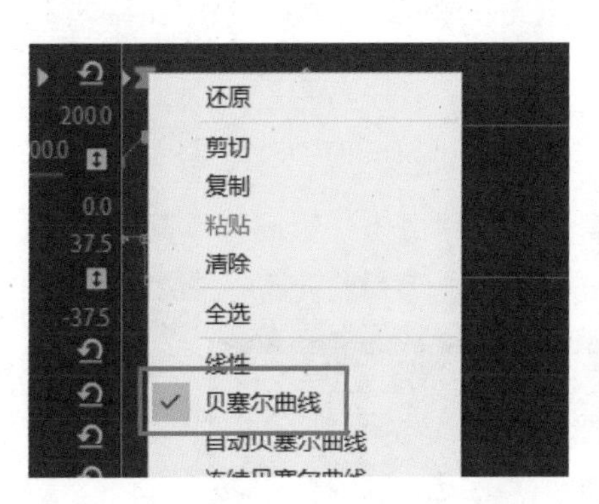

图 5-71 选择“贝塞尔曲线”

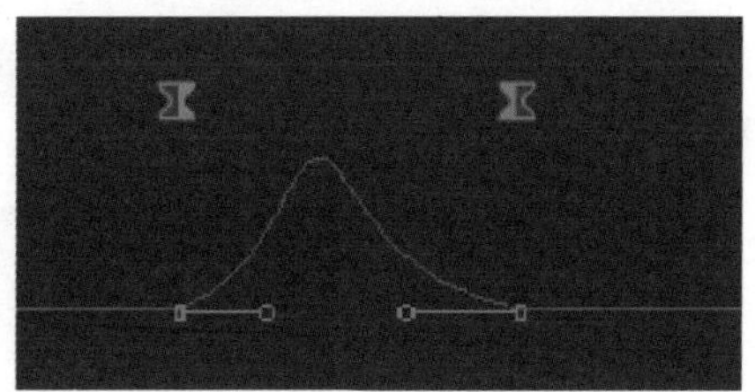

图 5-72 调整“曲线”

步骤五十六：确认时间线在“00：00：06：10”，将“水面云嵌套”的“位置”关键帧动画，复制给“天空云嵌套”“云雾嵌套”“水墨山 1 嵌套”“水墨山 2 嵌套”和“水墨山 3 嵌套”。

步骤五十七：将时间线拖至“00：00：06：10”，左键单击“水面云嵌套”在效果面板为“位置”属性添加关键帧，在“00：00：07：10”处，将位置属性设置为（390，845）。

步骤五十八：将时间线拖至“00：00：06：10”，左键单击“滴墨嵌套”在效果面板为“位置”属性添加关键帧，将时间线拖至“00：00：07：10”，将位置属性设置为“（-570，540）”，打开“滴墨嵌套”，左键单击轨道“V8”的“滴墨 .mov”，将时间线拖至“00：00：06：10”，为不透明度属性添加关键帧，在“00：00：06：25 处”不透明度属性设置为“0”。

步骤五十九，选择轨道“V8”的“滴墨 .mov”的“不透明度”属性关键帧，并在相同的时间点复制给“云雾嵌套”中“V7”轨道的“云 2.png”。

步骤六十：回到“镜头 1 序列”，将时间线拖至“00：00：00：24”，左键单击“水墨山 3 嵌套”在“效果控件面板”为“不透明度属性”属性添加关键帧，在“00：00：01：10”处将“不透明度”属性设置为“0”。

步骤六十一：将时间线拖至“00：00：06：10”，左键单击“水墨”在效果面板为“位置”属性添加关键帧，在“00：00：07：10”处，将位置属性设置为“（-140，800）”，选择两个关键帧右键单击选择临时插值—贝塞尔曲线，点击位置属性左边的“>”调整曲线，如图 5-73 所示。

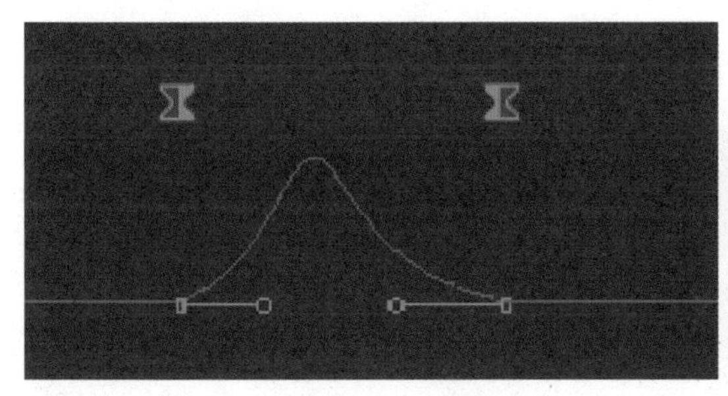

图 5-73 制作“移动”关键帧动画

步骤六十二：重复步骤六十一，设置“孔子 .png”的关键帧，节目监视器中图像显示如图 5-74 所示。

步骤六十三：重复步骤六十一，设置“孔子 2 嵌套”的关键帧，节目监视器中图像显示如图 5-75 所示。

步骤六十四：将时间线拖至“00：00：06：10”，左键单击“梅花嵌套”在效果面板为“不透明度”属性添加关键帧，在“00：00：06：25”处，将位置属性设置为“0”。

步骤六十五：左键单击主菜单栏“文件”—“导入”命令或按 Ctrl+I 组合键，弹出“导入”对话框，在该对话框中选择“素材—水墨文脉—欧阳修 .png”，时间线在“00：00：07：00”处，与步骤三十六至步骤五十相同的方法制作遮罩动画，如图 5-76 所示。

图 5-74 制作“移动”关键帧动画

图 5-75 制作“移动”关键帧动画

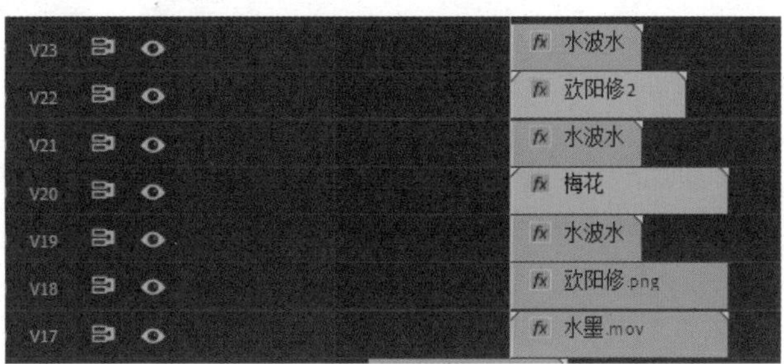

图 5-76 制作“欧阳修”遮罩效果

步骤六十六：左键单击主菜单栏“文件”—“导入”命令或按 Ctrl+I 组合键，弹出“导入”对话框，在该对话框中选择“素材—水墨文脉—水墨鸟 .mov”，将“水墨鸟”拖到时间线面板上，如图 5-77 所示，在“效果控件”面板，“不透明度”属性中“混合模式”选择“变暗”，将时间线拖至“00:00:06:10”，“位置”属性设置为“（1800，240）”，在“00：00：07：10”处将“位置”属性设置为“（360，240）”，预览视频如图 5-78 所示。

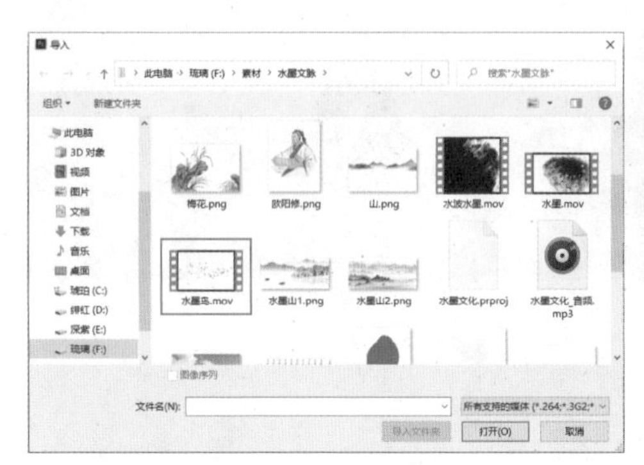

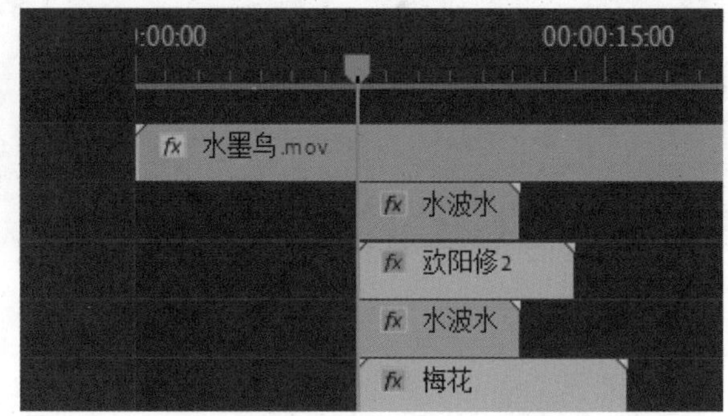

图 5-77 导入“素材”

图 5-78 制作“移动”关键帧动画

步骤六十七：将“颜色遮罩”拖到“水墨文脉序列”“00：00：12：00”处，如图 5-79 所示。将“水面云嵌套”内的“素材”拖到“水墨文脉序列”“00：00：12：00”处，并重新嵌套，如图 5-80 所示。

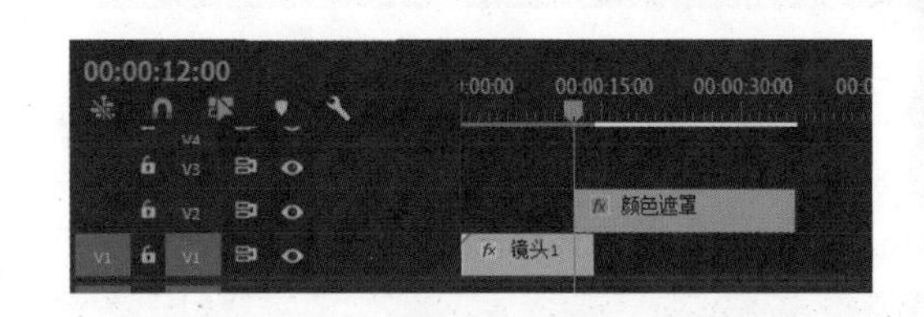

图 5-79 复制“素材”

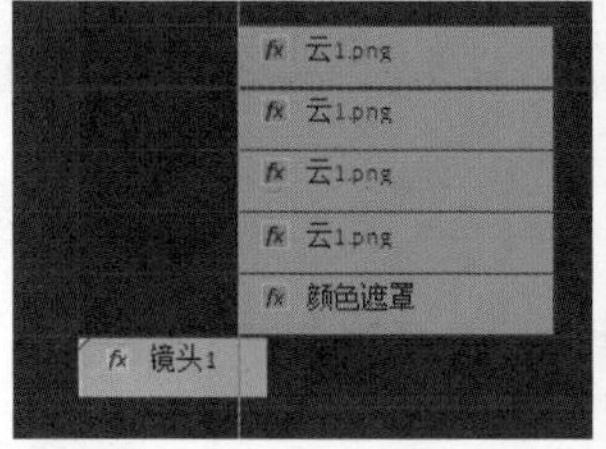

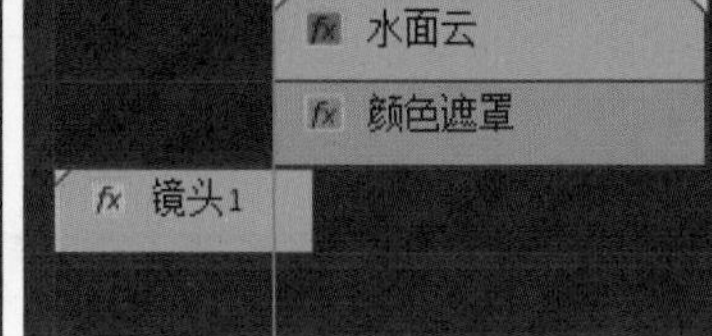

图 5-80 复制“素材”

步骤六十八：重复步骤六十七，将轨道“V3”—“V9”“嵌套”内的“素材”拖到“水墨文脉序列”，“删除所有关键帧”并“重新嵌套”，添加“效果”，再次“嵌套”，嵌套序列名称改为“镜头 2”，如图 5-81 所示。节目监视器中显示如图 5-82 所示。

步骤六十九：打开“镜头 2”，重复步骤六十五，制作“梁启超”遮罩动画，如图 5-83 所示。

步骤七十：回到“水墨文脉序列”，左键单击“镜头 2”，确认时间线在“00：00：12：00”处，在“效果控件面板”为“缩放”属性添加关键帧，“缩放”属性设置为“170”，在“00：00：01：10”处，“缩放”属性设置为“140”，选择两个关键帧，右键单击选择临时插值—贝塞尔曲线，点击位置属性左边的“>”调整曲线，如图 5-84 所示。将时间线拖至“00：00：19：00”，“缩放”属性设置为“135”。

步骤七十一：将时间下拖至“00：00：12：00”，为“不透明度”属性添加关键帧，将时间线拖至“00：00：12：10”，“不透明度”属性设置为“0”。

步骤七十二：将时间下拖至“00：00：18：00”，把“镜头 2 嵌套”内的“背景素材”拖到“水墨文脉”序列上，再次“嵌套”，嵌套序列名称改为“镜头 2”。如图 5-85 所示。

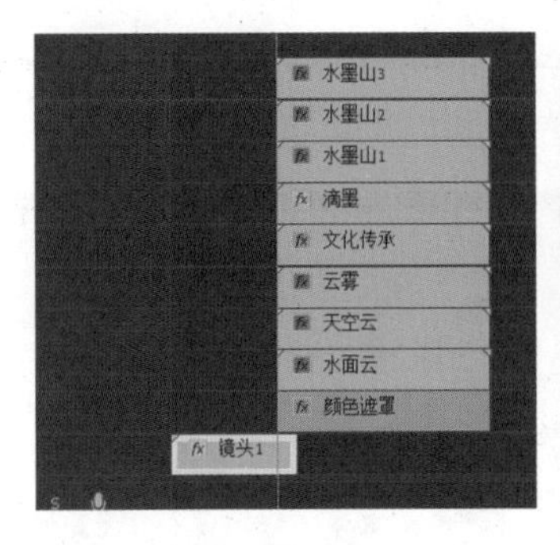

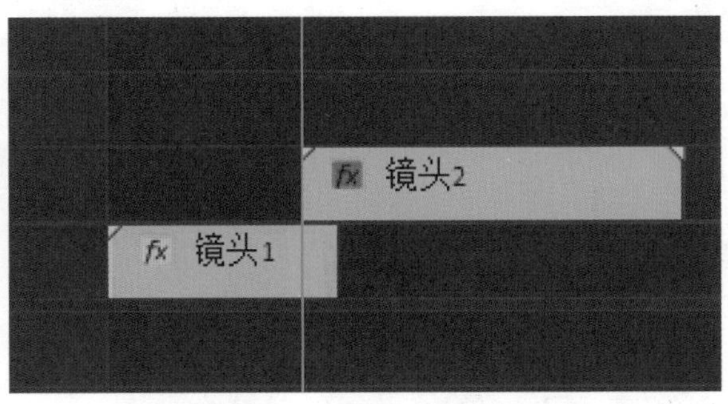

图 5-81 复制“素材”

图 5-82 重新制作背景

图 5-83 制作“梁启超”遮罩动画

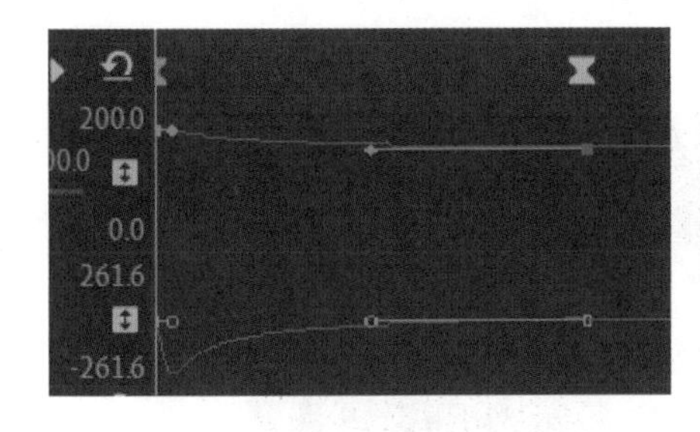

图 5-84 调整曲线

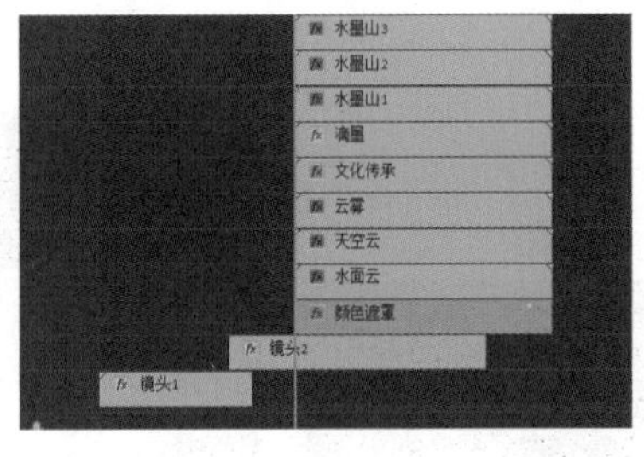

图 5-85 复制“素材”

步骤七十三：打开镜头 3，左键单击主菜单栏“文件”-“导入”命令或按 Ctrl+I 组合键，弹出“导入”对话框，在该对话框中选择“素材—水墨文脉—图书馆 .jpg”，将“图书馆 .jpg”拖到时间线面板上，在“效果控件”面板的“位置”属性设置为“（960，250）”，“缩放”属性设置为“35”，“不透明度”属性，点击“钢笔”进行绘制蒙版，节目监视器中图像显示如图 5-86 所示。“蒙版羽化”设置为“200”，“蒙版扩展”设置为“30”，不透明度设置为“50”，“混合模式”选择“叠加”。

步骤七十四：添加“效果”—“视频效果”—“颜色校正”—“色调”节目监视器中图像显示，如图 5-87 所示。

步骤七十五：重复步骤六十五，制作“文脉”遮罩动画，如图 5-88 所示。

步骤七十六：回到“水墨文脉”，确认时间线在“00:00:18:00”，在“效果控件”面板“缩放”设置为“140”，将时间线拖至“00:00:18:25”，“缩放”设置为“110”，在“00:00:18:00”处，将“镜头 2”的“不透明度”属性的“关键帧”复制给“镜头 3”。

图 5-86 绘制蒙版

图 5-87 添加“色调”效果

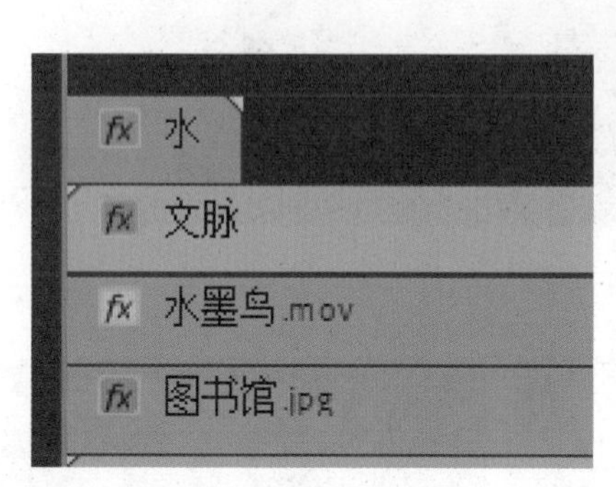

图 5-88 制作“文脉”遮罩动画

步骤七十七：左键单击主菜单栏“文件”—“导入”命令或按 Ctrl+I 组合键，弹出“导入”对话框，在该对话框中选择“素材—水墨文脉—水墨文化 _ 音频 .mp3”，将“水墨文化 _ 音频 .mp3”拖到时间线面板上。

步骤七十八：将时间线拖至“00：00：23：00”，“裁剪”后面的持续时间，如图 5-89 所示。

步骤七十九：使用组合键 Ctrl+M，弹出“导出设置”面板，格式选择“H.264”，单击“导出”，导出视频，如图 5-90 所示。

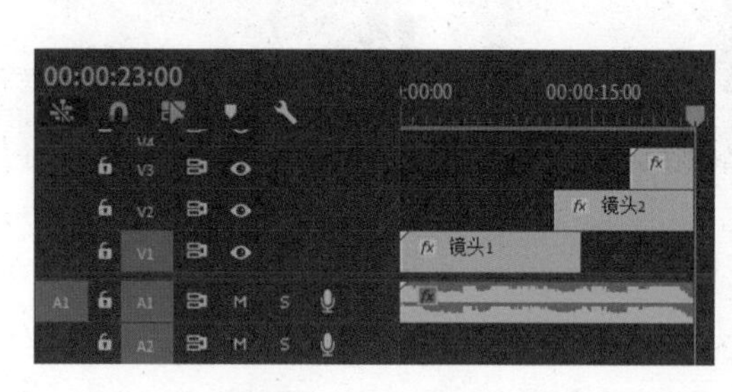

图 5-89 裁剪持续时间

图 5-90 导出视频

三、学习任务小结

本次课中，同学们学习了栏目片头制作中颜色遮罩、混合模式的使用方法和技巧。通过案例制作练习，同学们已经初步掌握了颜色遮罩的制作步骤和混合模式的使用技巧。后期还需要同学们多加练习，通过练习巩固操作技能。

四、课后作业

制作一个以书法为主题的文化类栏目片头。

科技类栏目的片头制作

教学目标

（1）专业能力：了解文字关键帧设置、亮度遮罩、嵌套序列等视频制作设置的方法；掌握视频编辑、亮度遮罩视频特效的使用方法和技巧。

（2）社会能力：了解视频编辑、视频特效等相关后期知识的学习要求，掌握视频创意制作技巧，能够将所学应用于影视后期编辑的实际案例中。

（3）方法能力：提高学生的自主学习能力，培养学生的分析应用能力和创造性思维能力。

学习目标

（1）知识目标：认识文字关键帧、亮度遮罩、嵌套序列等视频制作设置，掌握关键帧、亮度遮罩、嵌套序列的具体使用方法和技巧。

（2）技能目标：能够识记遮罩的大类划分，掌握嵌套序列的使用技巧。

（3）素质目标：能够清晰识记各概念，增强观察力和记忆力，养成良好的团队协作能力和语言表达能力以及综合职业能力。

教学建议

1. 教师活动

（1）教师通过前期录制的讲解视频对相关知识点进行基本展示，提高学生对亮度遮罩、嵌套序列的直观认识；同时，运用多媒体课件、教学视频等多种教学手段，讲授基础知识，指导学生正确操作。

（2）教师在授课中对各知识点进行分析讲解，引导学生将讲授内容进行对比，更好地识记、理解；并通过对知识点的讲解，让学生感受各工具的使用技巧。

2. 学生活动

观看教师示范文字关键帧、亮度遮罩、嵌套序列等视频制作设置的方法，并进行课堂练习。

一、学习问题导入

在欣赏影视作品时，我们时常看到非常漂亮的文字标题，感受到文字的独特魅力，那么这些漂亮的文字效果是如何实现的呢？今天就让我们一起来学习科技类栏目片头《职场商学院》的制作。

二、学习任务讲解

步骤一：启动 Premiere，点击“新建项目”按钮，如图 5-91 所示。弹出“新建项目”窗口，将项目保存位置修改为自己想要的盘符目录位置，项目名称修改为“科技图文”。

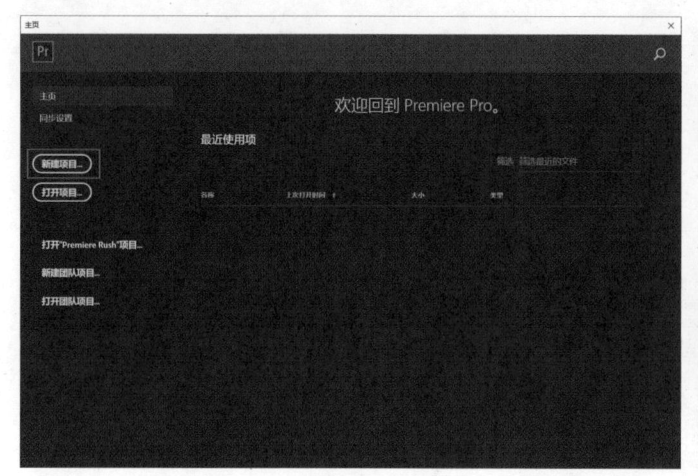

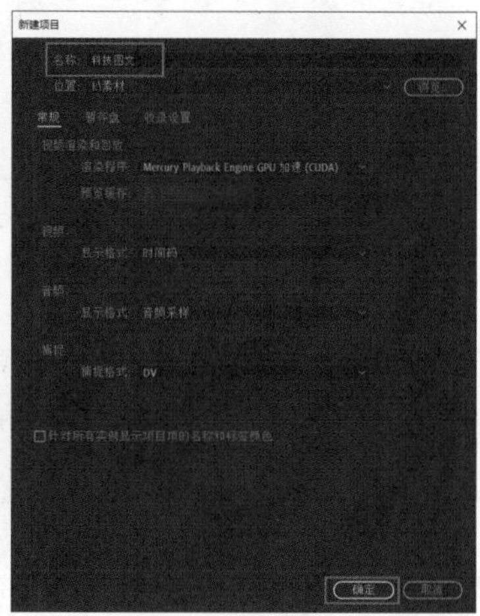

图 5-91 新建项目

步骤二：项目创建完成后，单击主菜单栏“文件”选择“新建”按钮或按 Ctrl+N 组合键，新建序列，左键单击设置，渲染模式选择“自定义”，时基选择“29.97 帧 / 秒”，帧大小修改为“1920×1080”，像素长宽比选择“方形像素”，场选择“无场”，序列名称设置为“总序列”，单击“确定”。如图 5-92 所示。

步骤三：单击“项目管理面板”，单击右下角“新建素材箱”，如图 5-93 所示。双击左键打开“素材箱”，左键单击主菜单栏“文件”-“导入”命令或按 Ctrl+I 组合键，弹出“导入”对话框，在该对话框中选择“素材—科技图文—block 2.1.mov 与 textMask1.mov”，如图 5-94 所示。

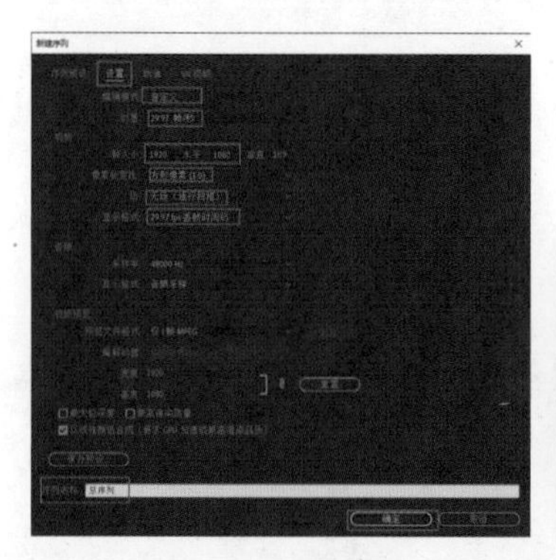

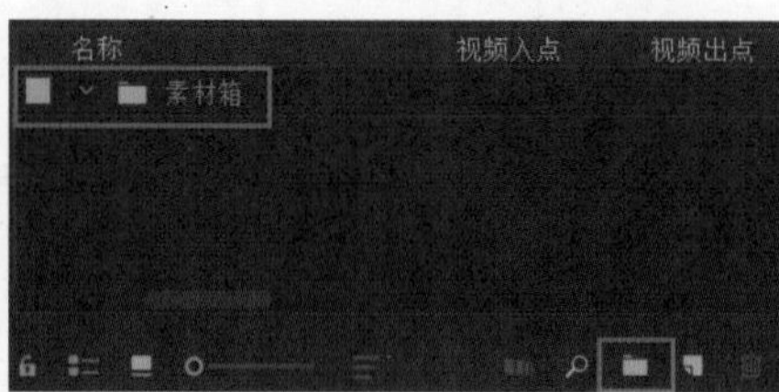

图 5-92 新建序列　　图 5-93 新建素材箱　　图 5-94 导入素材

步骤四：将“block 2.1.mov”拖拽到“时间线”面板的“V1”轨道中，左键单击“主菜单栏”—“文件”—“新建”—“旧版标题”，如图 5-95 所示，名称设置为“Title 01”。

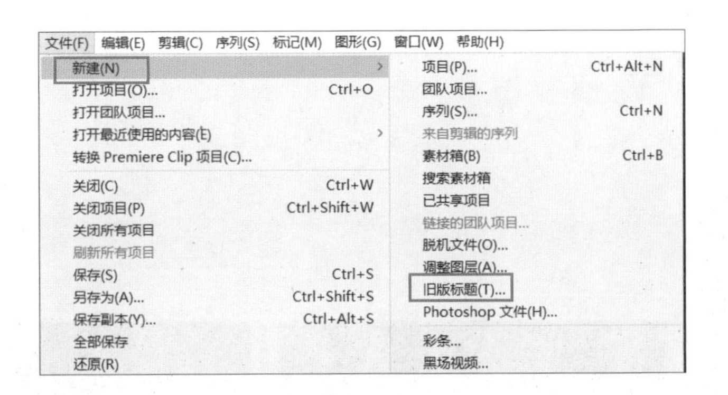

图 5-95 新建旧版标题

步骤五：将“Title 01”拖拽到“时间线”面板的“V2”轨道中，输入文字“乘风破浪 扬帆远航”，字体选择“黑体”，文字大小设置为“150”，下方输入文字：“CHENGFENGPOLANG YANGFANYUANHANG”，字体选择“Courier New”，文字大小设置为“90”，调整“文字位置”，如图 5-96 所示。将“Title 01”的“持续时间”调整至与“block 2.1.mov”相同。

步骤六：将“textMask1.mov”拖拽到“时间线”面板的“V3”轨道中，将时间线移至“00：00：03：15”处，使用剃刀工具快捷键 C，裁切“textMask1.mov”，按住 Alt 键，点击后半段“textMask1.mov”向后拖复制一份，如图 5-97 所示。

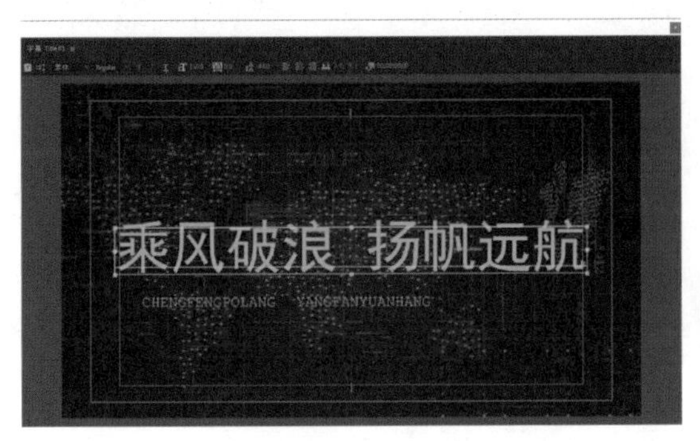

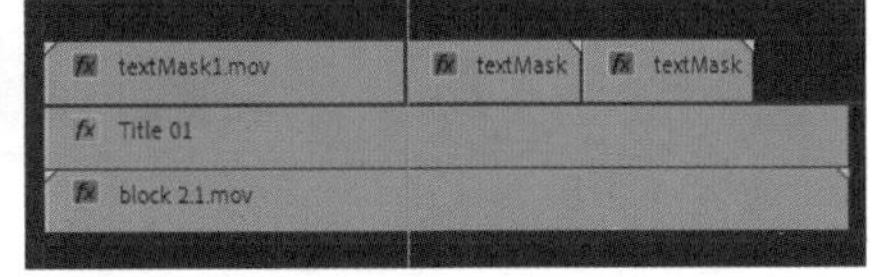

图 5-96 创建文字

图 5-97 裁剪与复制素材

步骤七：为“Title 01”添加“效果”—“视频效果”—“键控”—“轨道遮罩键”，在“效果控件”，遮罩选择“视频 3”，合成方式选择“亮度遮罩”。添加“效果”—“视频效果”—“过渡”—“百叶窗”，“过渡完成”设置为“15%”，“方向”设置为“37.0°”，“宽度”设置为“13”，再添加一层“百叶窗”效果，“过渡完成”设置为“2%”，“方向”设置为“-43.0°”，“宽度”设置为“18”，如图 5-98 所示。

步骤八：在“素材箱”新建“调整图层”，将“调整图层”拖拽到“时间线”面板的“V4”轨道中，调整“持续时间”，调整参数与“block 2.1.mov”相同，添加“效果”—“视频效果”—“扭曲”—“变换”，确认时间线在“00：00：00：00”，为“变换”效果的“缩放”属性添加关键帧，将时间线移至“00：00：07：16”处，“缩放”属性设置为“110”。

步骤九：选择所有轨道上的素材，右键单击选择“嵌套”，“嵌套序列名称”为“block 1”，打开“block 1”，将时间线移至“00：00：02：10”处，左键单击“Title 01”，在“效果控件”为“不透明度”属性添加“关键帧”，将时间线移至“00：00：02：12”，“不透明度”属性设置为“0”，将时间线移至“00：00：02：14”，“不透明度”属性设置为“100”，将时间线移至“00：00：02：16”，“不透明度”属性设置为“0”，将时间线移至“00：00：02：19”，“不透明度”属性设置为“100”，将时间线移至“00：00：02：20”，“不透明度”属性设置为“0”，将时间线移至“00：00：02：22”，“不透明度”属性设置为“100”，将时间线移至“00：00：02：24”，“不透明度”属性设置为“0”，将时间线移至“00：00：03：11”，“不透明度”属性设置为“100”，如图 5-99 所示。

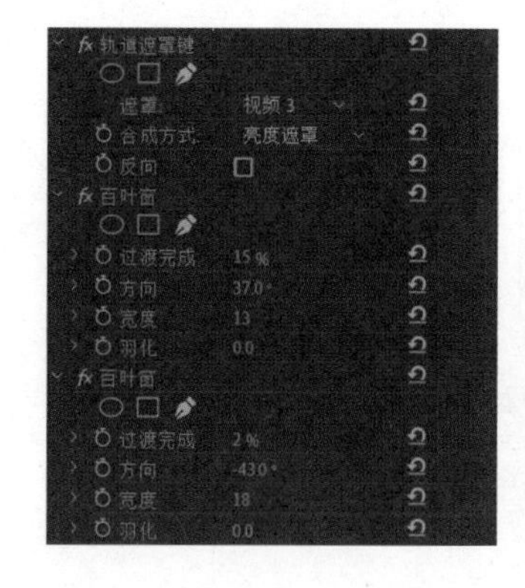

图 5-98 添加效果

图 5-99 设置不透明度关键帧

步骤十：左键单击主菜单栏“文件”-“导入”命令或按 Ctrl+I 组合键，弹出“导入”对话框，在该对话框中选择“shot1—3”“block 3.1.mov”“mask.mov”。如图 5-100 所示。

图 5-100 导入素材

步骤十一：将时间线移至“00：00：04：00”，把“block 3.1.mov”拖拽到“时间线”面板的“V2”轨道中，将时间线移至“00：00：05：00”，把“shot1”拖拽到“时间线”面板的“V3”轨道中，将“持续时间”延长至“00：00：10：23”。“效果控件”面板“缩放”属性设置为“35”，右键单击“shot1”选择“嵌套”，“嵌套序列名称”为“shot1”，“效果控件”面板“缩放”属性设置为“51”。

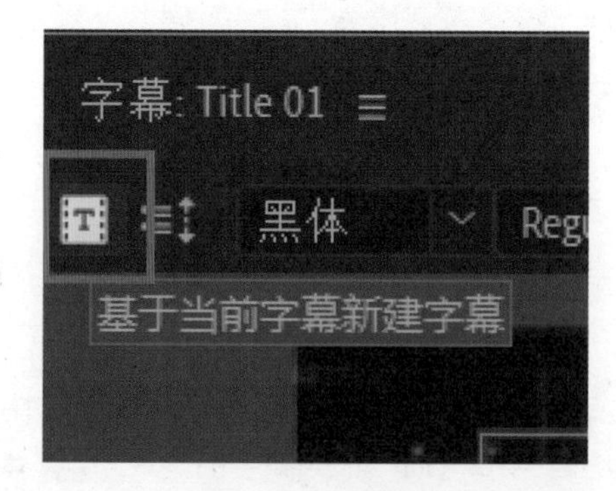

图 5-101 新建字幕

步骤十二：将“mask.mov”拖拽到“时间线”面板的“V4”轨道中，“效果控件”面板“缩放”属性设置为“35”，左键单击“shot1 嵌套”，添加“效果”—“视频效果”—“键控”—“轨道遮罩键”，“遮罩”选择“视频 4”，合成方式选择“亮度遮罩”。

步骤十三：打开“Title 01”，左键单击“基于当前字幕新建字幕”，如图 2-101 所示，字幕名称为“Title 02”，删除下方文字，将上方文字修改为“科技创新 引领未来”，文字大小设置为“72”，调整字幕位置，将“Title 02”拖拽到“时间线”面板的“V5”轨道中，调整“持续时间”与下方素材相同。

步骤十四：将“textMask1.mov”拖拽到“Title 02”的上方“V6”轨道中，将时间线移至“00：00：09：21”，使用“剃刀工具”快捷键 C，裁切“textMask1.mov”，按住 Alt 键点击后半段“textMask1.mov”向后拖复制一份。

步骤十五：为“Title 02”添加“效果”—“视频效果”—“键控”—“轨道遮罩键”，在“效果控件”，“遮罩”选择“视频 3”，合成方式选择“亮度遮罩”。

步骤十六：打开“block1”，将调整图层拖到“总序列”—“textMask1.mov”上方与“block 3.1.mov”对齐，如图 5-102 所示。

步骤十七：选中“V2”—“V7”轨道的素材，右键单击选择“嵌套”，“嵌套序列名称”为“block 2”，打开“block 2”，将时间线移至“00：00：03：10”处，设置与“Title 01”相同的关键帧。

步骤十八：左键单击主菜单栏“文件”-“导入”命令或按 Ctrl+I 组合键，弹出“导入”对话框，在该对话框中选择“transition.mov”，如图 5-103 所示。

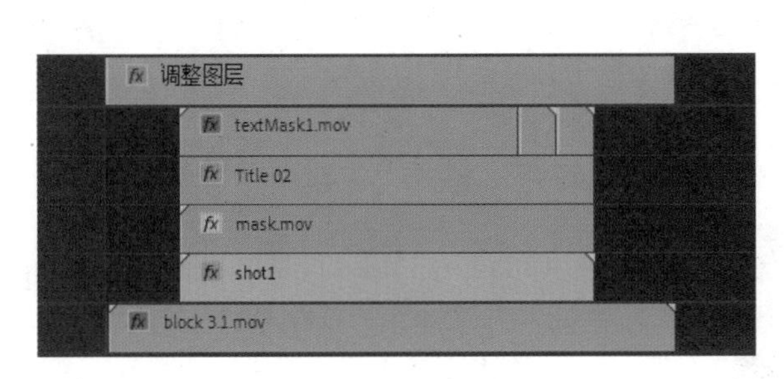

图 5-102 复制素材

图 5-103 导入素材

步骤十九：回到“总序列”，将时间线移至“00：00：03：01”处，把 transition.mov”移至“V3”轨道，为“block 2”添加“效果”—“视频效果”—“键控”—“轨道遮罩键”，在“效果控件”，“遮罩”选择“视频 3”，“合成方式”选择“亮度遮罩”。

步骤二十：重复步骤十三至步骤十九，在“00：00：09：14”制作“block 3”，在“00：00：14：26”制作“block 4”。如图 5-104 所示。

步骤二十一：将时间线移至“00：00：20：08”处，把“block 2.1.mov”拖拽到“时间线”上，打开“Title 01”，左键单击“基于当前字幕新建字幕”，字幕名称为“Title 05”，删除上方文字，将上方文字修改为“CHENGFENGPOLANG YANGFANYUANHANG”，将“Title 05”拖拽到“block 2.1.mov”上方，并调整相同的持续时间。如图 5-105 所示。

步骤二十二：将时间线移至“00：00：22：19”，左键单击“Title 05”，在“效果控件”—“不透明度”属性设置与步骤十一相同的关键帧。

步骤二十三：将时间线移至“00：00：21：04”处，把“textMask1.mov”拖拽到“Title 05”上方，在“效果控件”面板将“缩放”属性设置为“75”，将时间线移至“00：00：24：18”处，使用剃刀工具快捷键 C 裁切“textMask1.mov”，按住 Alt 键，点击后半段“textMask1.mov”向后拖复制一份，为“Title 05”添加“效果”—“视频效果”—“键控”—“轨道遮罩键”，“遮罩”选择“视频 10”，“合成方式”选择“亮度遮罩”。

步骤二十四：打开“Title 01”，左键单击“基于当前字幕新建字幕”，字幕名称为“Title 06”，删除下方文字，将下方文字修改为“创新未来 不忘初心”将“Title 05”拖拽到“textMask1.mov”上方，并调整与“Title 05”相同的持续时间。

步骤二十五：左键单击主菜单栏“文件”-“导入”命令或按 Ctrl+I 组合键，弹出“导入”对话框，在该对话框中选择“LogoMask.mov”。如图 2-106 所示。

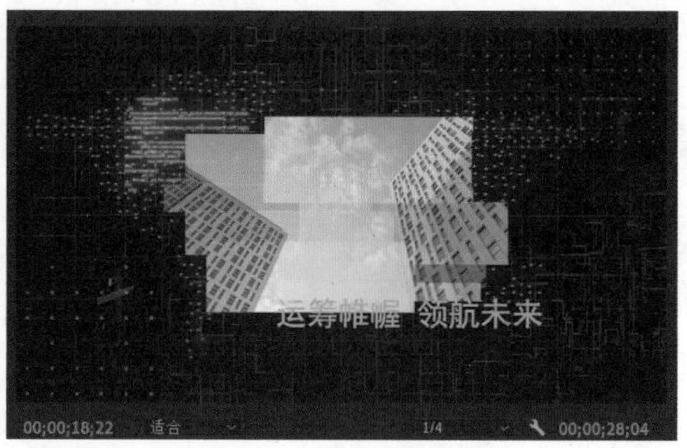

图 5-104 重复制作

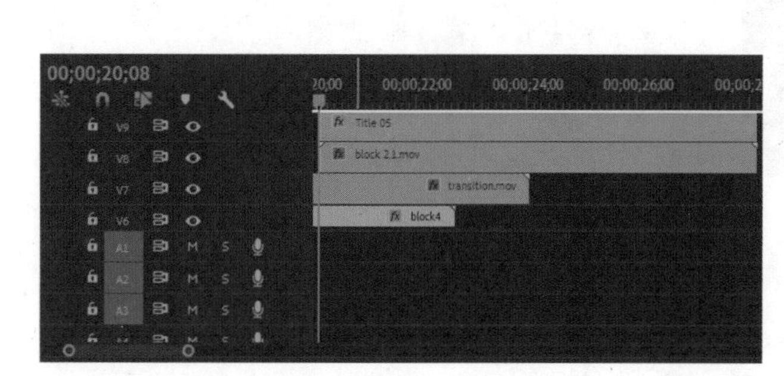

图 5-105 调整持续时间

图 2-106 导入素材

步骤二十六：“00：00：21：08”处，把“LogoMask.mov”拖拽到“Title 06”上方，将时间线移至“00：00：26：04”处，使用剃刀工具快捷键 C 裁切“LogoMask.mov”，按住 Alt 键，点击后半段“textMask1.mov”向后拖并复制一份，为“Title 06”添加“效果”—“视频效果”—“键控”—“轨道遮罩键”，“遮罩”选择“视频 12”，“合成方式”选择“亮度遮罩”。

步骤二十七：打开“block1”，将调整图层拖到“总序列”—“LogoMask.mov”上方与“block 2.1.mov”对齐，如图 5-107 所示。

步骤二十八：选中“V8”—“V13”轨道的素材，右键单击选择“嵌套”，“嵌套序列名称”为“block 4”。

步骤二十九：左键单击主菜单栏“文件”-“导入”命令或按 Ctrl+I 组合键，弹出“导入”对话框，在该对话框中选择“震撼的科技企业 .mp3”，将“震撼的科技企业 .mp3”拖拽到时间线面板上，将时间下移至“00：00：28：04”使用剃刀工具快捷键 C 裁切“震撼的科技企业 .mp3”，删除后半段，在音频结尾添加“效果”—“音频过渡”—“指数淡化”，如图 5-108 所示。

步骤三十：使用组合键 Ctrl+M，弹出“导出设置”面板，格式选择“H.264”，单击“导出”，导出视频，如图 5-109 所示。

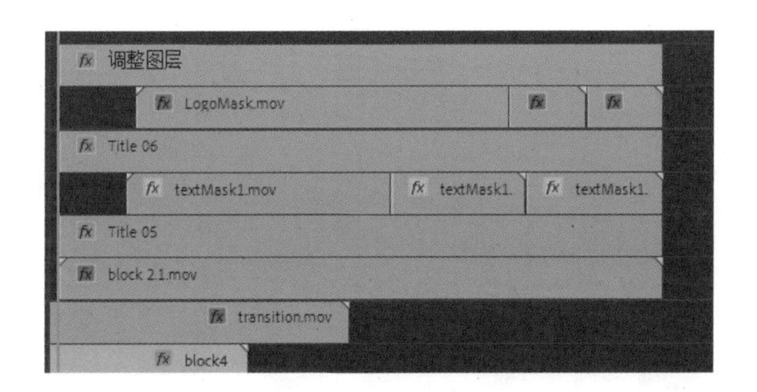

图 5-107 复制素材

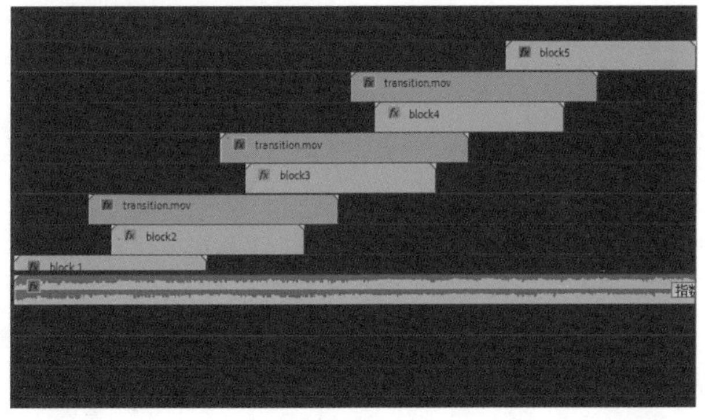

图 5-108 导入音频

三、学习任务小结

本次课中，我们学习了科技类栏目片头文字和图像编辑的方法和步骤。通过案例制作练习，同学们已经初步掌握了不透明度、亮度遮罩、嵌套序列、快捷键应用等的使用技巧。在后期制作、影视特效和图像处理中，不透明度、亮度遮罩、嵌套序列、快捷键应用是常用的基础命令，后期还需要同学们多加练习，通过练习巩固操作技能。

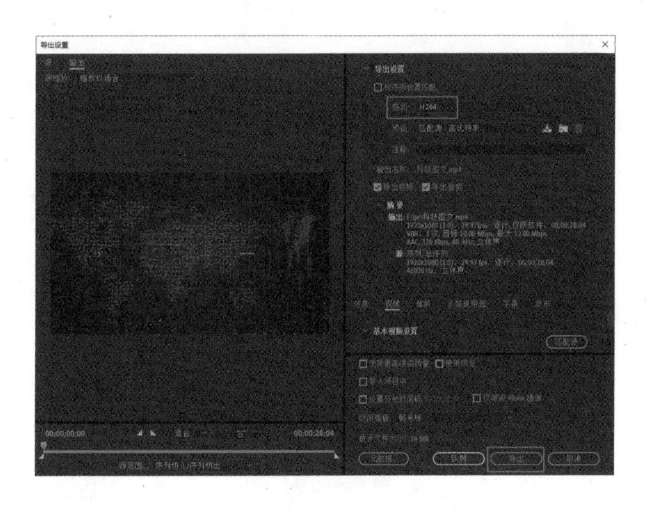

图 5-109 导出视频

四、课后作业

制作一个以绿色科技为主题的科技类栏目片头。

扫描二维码可观看
自媒体栏目的片头制作

参考文献

[1] 杨士霞，苏学涛，贾亚杰 . 中文版 Premiere Pro CC 2019 商用案例教程 [M]. 北京：化学工业出版社，2021.

[2] 金晶，全金华 .Premiere 影视非线性编辑 [M]. 南京：南京大学出版社 ,2015.

[3] 张萍萍，王建国，孙立军 . 数字影视后期编辑与合成 [M].2 版 . 上海：上海交通大学出版社 , 2013.

[4] 霍慧煜，蒋茜，江伟 . 数字影音后期制作案例教程 (Premiere Pro CC+After Effects CC) 案例教程 [M]. 上海：上海交通大学出版社 ,2017.

[5] 姜自立，季秀环 .Premiere Pro CC 数字影视剪辑 (全彩慕课版)[M]. 北京：人民邮电出版社， 2020.